中国地质大学(武汉)实验教学系列教材
中国地质大学(武汉)实验技术研究项目资助

地球物理学北戴河教学实习指导书

王传雷　主编

中国地质大学出版社有限责任公司
ZHONGGUO DIZHI DAXUE CHUBANSHE YOUXIAN ZEREN GONGSI

中国地质大学(武汉)实验教学系列教材

编委会名单

主　任：唐辉明

副主任：向　东　杨　伦

编委会成员：(以姓氏笔划排序)

牛瑞卿	王　莉	王广君	王春阳	何明中
吴　立	李鹏飞	杨坤光	杨明星	卓成刚
周顺平	罗新建	饶建华	夏庆霖	梁　志
梁　杏	曾健友	程永进	董元兴	戴光明

选题策划：

梁　志　毕克成　郭金楠　赵颖弘　王凤林

前言

《地球物理学北戴河教学实习指导书》是在原电法教研室、磁法教研室教师们30多年从事教学实习的基础上,在学院领导的关怀下,在应用地球物理系、固体地球物理系领导的支持和指导下,经各位教师的辛勤劳动编著而成,它是2009年湖北省高等学校省级教学研究"基于实践能力培养的地球物理专业教学实习体系构建"的成果之一,也是中国地质大学(武汉)实验室设备处资助完成的项目。

本书的绪论由刘爱民站长、王传雷和杨燕老师编写,重力勘探实习部分由沈博老师编写;磁法教学实习部分由王传雷老师编写,附件由曲赞老师编写,图件由祁明松老师绘制;电法勘探实习由李振宇老师编写,附件由张莹老师编写;地震勘探实习由罗银河、许顺芳老师编写,附件由张兵老师编写。最后由王传雷老师审定。

鉴于专业实习内容较多,因此在内容选择上既保证了实习需求,同时贯彻了"少而精"的原则,各种物探方法在内容上根据各自学科的特点有所侧重,对在理论教学和相关规范中已阐述详细的内容,本教材仅指明出处,不再重复。

本书不仅可以作为各院校应用地球物理专业的师生教学实习教材使用,也可供广大工程技术人员作为参考教材和培训资料使用。

作为准备公开出版的配套的教学实习教材,请师生在使用中对发现的问题给予指正和提出改进意见。

本书的编写得到了中国地质大学(武汉)实验技术研究经费的资助,得到了教务处及北戴河实习基地刘爱民站长的支持,得到了长期参与物探专业教学实习的顾汉明、张胜业、李永涛、祁明松、张学强、杨宇山、师学明、张世晖、胡正旺等老师们的真诚指导和热心相助,在此表示衷心的感谢!

编　者

2011年6月

目 录

第一章 绪 论 (1)

第一节 秦皇岛实习基地的历史与现状 (1)
第二节 北戴河人文、地理、地质概况简介 (3)
一、实习区人文和自然地理概况 (3)
二、区域地质概况简介 (5)
第三节 地球物理专业教学实习回顾 (8)
第四节 地球物理专业教学实习内容及要求 (10)
一、地球物理专业教学实习内容及要求 (10)
二、教学实习成绩评定及监督检查 (11)
第五节 教学实习有关规定及纪律 (12)
一、实习的组织 (12)
二、教学指导小组主要职责 (12)
三、实习纪律 (13)

第二章 重力勘探教学实习 (14)

第一节 重力勘探教学实习大纲 (14)
一、实习目的及要求 (14)
二、实习内容及时间安排 (14)
三、小组工作任务 (15)
第二节 重力勘探工作设计 (15)
一、重力勘探地质任务 (15)
二、设计基本原则 (16)
三、实习工作设计 (17)
四、布格重力异常误差计算 (18)
五、误差分配 (19)
第三节 重力仪及其使用 (20)

一、重力仪类型与技术参数……………………………………………………（20）
　　二、重力仪施工准备……………………………………………………………（21）
　　三、重力仪操作…………………………………………………………………（23）
　　四、重力仪安全事项……………………………………………………………（23）
　第四节　重力勘探野外施工………………………………………………………（24）
　　一、基点选择与观测……………………………………………………………（24）
　　二、普通测点观测………………………………………………………………（24）
　　三、检查观测……………………………………………………………………（25）
　　四、岩石密度测定………………………………………………………………（25）
　　五、测地工作……………………………………………………………………（25）
　　六、地形校正……………………………………………………………………（26）
　第五节　重力资料整理与解释……………………………………………………（27）
　　一、重力资料整理与解释的主要内容…………………………………………（27）
　　二、重力基点网观测资料整理…………………………………………………（28）
　　三、测点观测数据整理…………………………………………………………（28）
　　四、布格重力异常计算…………………………………………………………（29）
　　五、重力异常处理与解释………………………………………………………（29）
　附件1　重力勘探实习报告编写参考提纲………………………………………（31）
　附件2　CG-5重力仪简要操作说明……………………………………………（32）
　附件3　扇形域重力地形改正表（20～700m）…………………………………（41）

第三章　磁法勘探教学实习……………………………………………………（49）

　第一节　磁法勘探教学实习大纲…………………………………………………（49）
　　一、教学实习的目的……………………………………………………………（49）
　　二、教学实习的要求和内容……………………………………………………（49）
　　三、教学实习的时间安排………………………………………………………（50）
　第二节　地质任务和工作设计原则………………………………………………（50）
　　一、地质任务及背景资料………………………………………………………（51）
　　二、磁法工作设计要点…………………………………………………………（54）
　第三节　仪器性能测试评价………………………………………………………（57）
　第四节　野外数据采集及质量评价………………………………………………（58）
　　一、日变观测及校正点…………………………………………………………（58）
　　二、测点定位……………………………………………………………………（59）
　　三、磁测质量检查评价…………………………………………………………（59）

四、探头高度选择原则……………………………………………………………………(60)
　　五、现场记录………………………………………………………………………………(60)
 第五节　资料整理、数据处理与图件绘制……………………………………………………(60)
　　一、原始数据的预处理……………………………………………………………………(60)
　　二、图件绘制………………………………………………………………………………(61)
 第六节　数据资料分析及初步解释……………………………………………………………(62)
　　一、磁异常的转换处理……………………………………………………………………(62)
　　二、磁测资料的解释过程…………………………………………………………………(63)
 第七节　磁法实习报告编写……………………………………………………………………(63)
 附件　GSM-19T质子旋进式磁力仪操作手册………………………………………………(65)

第四章　电法勘探教学实习……………………………………………………………………(76)

 第一节　电法勘探教学实习大纲………………………………………………………………(76)
　　一、实习目的与要求………………………………………………………………………(76)
　　二、实习内容………………………………………………………………………………(76)
　　三、实习日程安排…………………………………………………………………………(77)
 第二节　电法勘探的工作设计…………………………………………………………………(77)
　　一、编写设计书的准备工作和编写原则…………………………………………………(77)
　　二、设计书的主要内容……………………………………………………………………(78)
　　三、测网布置………………………………………………………………………………(79)
　　四、技术参数的选择………………………………………………………………………(80)
 第三节　电法野外作业技术……………………………………………………………………(83)
　　一、测站布置………………………………………………………………………………(83)
　　二、导线敷设………………………………………………………………………………(84)
　　三、电极接地………………………………………………………………………………(85)
　　四、漏电检查………………………………………………………………………………(86)
　　五、测站观测………………………………………………………………………………(87)
　　六、数据记录与野外草图…………………………………………………………………(88)
　　七、困难条件下的观测和处理……………………………………………………………(88)
　　八、检查观测………………………………………………………………………………(90)
 第四节　系统检查观测的精度规定……………………………………………………………(91)
　　一、电阻率法系统检查观测的精度规定…………………………………………………(91)
　　二、自然电场法系统检查观测的精度规定………………………………………………(91)
 第五节　电法资料的整理和图示………………………………………………………………(92)

一、原始资料的检查 …………………………………………………………………… (92)

　　二、资料的验收 ………………………………………………………………………… (92)

　　三、原始资料分类处理及观测结果的整理 …………………………………………… (93)

　　四、资料的图示 ………………………………………………………………………… (93)

　第六节　电法资料的解释推断 …………………………………………………………… (95)

　　一、解释推断的基本任务 ……………………………………………………………… (95)

　　二、解释推断的基本原则 ……………………………………………………………… (95)

　　三、资料的预先分析和处理 …………………………………………………………… (95)

　　四、电法资料的解释推断要求 ………………………………………………………… (95)

　附件　《DDC-8电子自动补偿电阻率仪》使用说明 …………………………………… (97)

第五章　地震勘探实习 ……………………………………………………………………… (103)

　第一节　地震勘探的工作设计 …………………………………………………………… (103)

　　一、地震勘探工作设计的一般要求 …………………………………………………… (103)

　　二、地震测线布置的原则 ……………………………………………………………… (103)

　　三、试验工作 …………………………………………………………………………… (104)

　第二节　地震勘探的野外观测系统 ……………………………………………………… (105)

　　一、观测系统的术语 …………………………………………………………………… (105)

　　二、观测系统的图示法 ………………………………………………………………… (106)

　　三、观测系统的类型 …………………………………………………………………… (107)

　第三节　浅层地震初至折射波法的内业工作流程和要求 ……………………………… (109)

　第四节　激发与接收 ……………………………………………………………………… (111)

　第五节　外业工作的注意事项 …………………………………………………………… (111)

　附件1　RAS-24数字地震仪简明操作手册 …………………………………………… (112)

　附件2　Geode地震仪操作手册 ………………………………………………………… (123)

参考文献 ……………………………………………………………………………………… (135)

第一章 绪 论

第一节 秦皇岛实习基地的历史与现状

野外地质教学实习是中国地质大学(武汉)教学计划的重要组成部分,是理论联系实际,使学生尽快掌握地质实地学习方法的重要手段。我校历来十分重视野外教学实习工作,1952 年建院(原北京地质学院),1954 年初即组成以马杏垣教授为首的专家组,首先选址北京周口店建立实习基地,之后根据教学需要先后在河北秦皇岛、湖北黄石、湖北崇阳等地建设实习基地。搞好教学实习,培养较强的野外实践能力,已成为我校地质类专业的传统与特色。

我校早在 1953 年就在秦皇岛地区开展野外教学活动,1979 年起,搬迁湖北的武汉地质学院为落实学生实习任务,借用北戴河丁庄小学和柳江煤矿开展教学活动,并将该地区作为稳定的教学地点。1983 年开始筹建秦皇岛实习基地。

现中国地质大学(武汉)秦皇岛实习基地位于秦皇岛市海港区山东堡立交桥西,是秦皇岛市规化的大专院校较集中的区域。基地近邻有燕山大学、武装警察学校、大庆石油学院分院、铁一局三处医院和铁路电气化工程局接待处等单位,南邻大海,距海边约 400m。距著名风景区北戴河 7km,距山海关、老龙头 25km,交通方便,风景优美,气候宜人(图 1-1)。

建站初期,基地全是荒沙荆棘,1984 年建设了三排小平房,其他绝大部分房屋是活动板房,道路和房屋内均为沙土,用水靠缸装瓢舀,生活条件较为艰苦。多年来,我校原地质系普地教研室的教师和各相关专业的教师一起,长期致力于该地区地质教学路线的研究工作,实习师生和后勤工作人员克服重重困难,发扬地质工作者艰苦朴素、艰苦奋斗的优良传统,保证了教学实习的顺利完成。1994 年底,学校投资 220 万元,建设教学综合楼,1995 年暑期即投入使用,缓解了实习师生的用房困难。实习基地的领导和工作人员在校领导的关心下,积极筹措资金,购置行李,结束了师生肩背人扛携带行李来站实习的历史。次年又投资建设了锅炉房,解决了洗浴供暖的问题。初步改变了实习站功能单一、学校投入少、实习条件差的局面。随着改革、开发的逐步深入,实习站的同志们克服困难,坚持守候,想尽办法,利用基地条件,扩大创收,实现以站养站、逐步发展。自 1995 年来,在中国地质大学(武汉)校领导的关心和支持下,基地的同志们与燕山大学开展了合作办学,2001 年自筹资金 500 多万,新建了学生宿舍楼(2 000m²)和教学楼(2 300m²),扩建了食堂和浴

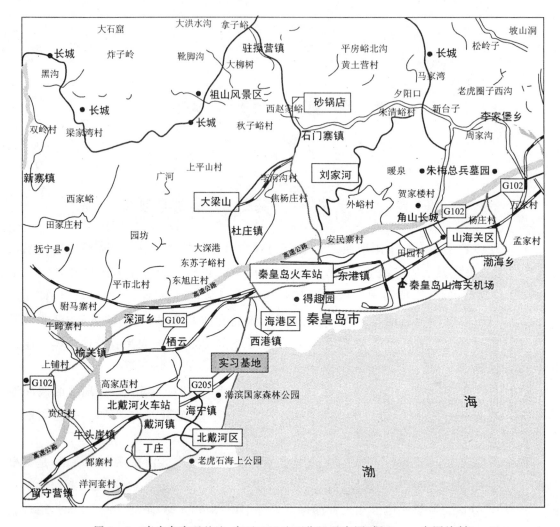

图 1-1　秦皇岛实习基地、实习工区地理位置示意图（据 Sogou 底图绘制）

房，修建了篮球场和田径场等体育设施，逐年对基地进行了绿化和美化，进一步改善了基地条件。

经过 20 多年的建设，目前实习基地共有固定资产 2 000 多万元，建筑面积近 13 000 m^2，其中教学用房 3 000 m^2，有可容纳 260 人的阶梯式多媒体教室 2 个，100 人座位的教室 8 个，80 座学生用电脑教室 1 个。地质教学陈列室积藏了我校多年来在秦皇岛地区教学实习的标本、图片和挂图。为了扩大学校的影响力，更好地宣传基地建设的成果，适应现代化教学要求，经河北省教育厅批准，我们筹建了中国地质大学（武汉）秦皇岛网络教学站，在教学楼、办公室等处已开通基地网，为野外教学实习提供了良好的条件。2008 年该基地被国家自然科学基金委授予"国家基础科学研究与教学人才培养基地"称号。

目前实习基地环境优美，后勤服务设施配套齐全。绿地面积达 2 000 多平方米，树木茂盛，空气清新。大学生餐厅干净整洁，设施齐备，服务良好。每年实习，工作人员将近千套行李铺设整齐,迎接师生的到来,为师生创造美好的生活环境。

现在基地由中国地质大学京汉两地统一管理,每年接待两校 2 000 多名地质、资源、水文、环境、物探、地理资源与管理、旅游等专业的学生的实习任务。还较好地接待了上海同济大学、武汉大学、中国农业大学、中国石油大学等兄弟院校的实习师生。

为使基地发挥更大的效益,基地的同志们曾与燕山大学继续教育学院、渤海石油学校秦皇岛分校开展联合办学,为国家培养更多有用人才,同时,促进基地的管理更加严格,服务更加规范,生活设施更加完备,以促进野外教学质量的不断提高,为教学实习提供热情、周到的后勤保障。

第二节　北戴河人文、地理、地质概况简介

一、实习区人文和自然地理概况

秦皇岛市地处河北省东北部,南临渤海,北倚燕山,东邻辽宁省,西近北京、天津和承德市,是联系东北、华北两个经济区的枢纽。目前秦皇岛市管辖海港区、北戴河海滨、山海关 3 个城区和抚宁、昌黎、卢龙、青龙满族自治县 4 个郊区县,总面积 7 467.4km^2,总人口约 277 万。秦皇岛市境内地貌类型多样,山地、丘陵、平原、海岸带从北向南呈阶梯状分布。山地属燕山山脉东段,分布于抚宁县、卢龙县北部和青龙满族自治县全境,海拔多在 200~1 000m 之间,海拔 1 846m 的都山是燕山山脉东段主峰和境内最高峰。

实习基地建在海港区和北戴河区之间。教学实习路线东起山海关,西至南戴河;北起柳江盆地,南至渤海海滨。东西长约 35km,南北宽约 25km,涉及海港区、北戴河海滨、山海关区和抚宁县石门寨等地区。实习区北部为一个近南北向延伸的丘陵盆地——柳江盆地,盆地南北长约 20km,东西宽约 10km,东、北、西三面被陡峻的中低山所包围,仅南面地势低平。盆地内最高峰"老君顶"位于盆地北部,海拔 493m。盆地西北部海拔多在 400m 以上,地势较陡;盆地东南部地势较低,一般 200~300m,南部大石河河谷(上庄坨一带)海拔仅 70m 左右。大石河发源于燕山山脉东段的黑山山脉"花榆岭",由西北至西南流经柳江盆地,经山海关南侧在老龙头入渤海,全长 70km,流域面积 560km^2,是区内主要水系之一。1974 年在河流下游的小陈庄(河流出山口)建坝,建筑了蓄水量 (7 000×10 000)m^3 的大石河水库"燕塞湖",它曾是秦皇岛市主要的饮水源,现已经成为重要的旅游景点。

秦皇岛市海岸线长 1 264km,其中 20.5km 为基岩海岸,其余为砂质海岸。基岩海岸广泛发育了侵蚀地貌,例如,海蚀崖、海蚀阶地、海蚀穴、海蚀凹槽、海蚀柱、海蚀穹等。沙质海岸主要有台地、沙丘、海堤、泻湖、滩涂等。由于入海河流较少,海水含盐度相对较高。加上黄海暖流经该海区,使得秦皇岛港成为我国北方著明的不冻港,属国家一类口岸,成为我国煤炭、石油等能源的主要输出港。北京至沈阳、北京至秦皇岛、大同至秦皇岛 3 条国家铁路干线和京—沈、津—秦两条公路干线和京哈高速公路穿越海港区。秦皇岛飞机

场连接北京、上海、广州、沈阳、哈尔滨、青岛、大连、石家庄等城市。秦皇岛市是我国14个对外开放的沿海港口城市之一,处于环渤海经济圈的关键区位,逐渐成为拉动中国北方地区经济发展的发动机。

秦皇岛地处中纬度,属暖温带半湿润大陆性季风气候。冬无严寒,夏无酷暑,无台风和梅雨,四季分明。夏季主导风向为南风或西南风,冬季为东北风。年平均降雨654.9mm左右,其中80%在暑期,故每年夏季多山洪发生。山洪期间,多以大石河、洋河、戴河等作为排泄渠道,地下水位夏季高,冬季低,总体趋势西北高,东南低,与地形起伏基本一致。北戴河海滨总体为侵蚀丘陵地貌,北戴河镇西北部的东联峰山海拔152.9m。有多条河流入海,自东往西依次有汤河、新河、戴河、洋河、饮马河。其中汤河全长20km,入海口位于海港区汤河口,离实习站北侧约3km;新河全长15km,在鹰角亭北侧入渤海;戴河长约35km,流域面积290km^2,在戴河河口入海。北戴河地区受海洋气候影响较大,年温差变化比同纬度的北京要小得多,全年平均气温8.9~10.3℃,最冷月份(1月份)约—9.3~5.4℃,最热月平均气温24.1~25.2℃。暑期海水温度约24~25℃,沙面温度约31~33℃,气温约24.5℃。滨海地区的空气含负离子4 000个/cm^3,高于一般城市10~20倍,为北戴河海滨疗养、旅游事业提供了得天独厚的自然条件。

秦皇岛市自然资源较丰富。已探明的矿产资源有黄金、铅、铜、铁、锌、石英、耐火黏土、石墨、煤和大理石等40多种。秦皇岛因海岸线长,对虾、海参、海蜇等海珍品是中国北方重要海产品基地之一。果树栽培已有2 500多年历史,林果资源丰富,主要品种有苹果、桃、葡萄等190余种。粮食作物主要品种有玉米、水稻、高粱、白薯。本区淡水资源缺乏,已成为秦皇岛市可持续发展迫切需要解决的问题。

北戴河海滨区依山傍水,婀娜多姿的联峰山植被繁茂,山色青翠,各种松柏四季常青,花团锦簇,戴河沿山脚蜿蜒入海,联峰山中文物古迹众多,奇岩怪洞密布,各种风格的亭台别墅掩映其中,如诗如画,是著名的避暑圣地。东南面是悠缓漫长的海岸线,质细坡缓,沙软潮平,水质良好,盐度适中。沿海开辟的30多个海水浴场,为游客嬉戏大海,享受海浴、沙浴和日光浴提供了理想的场所。东面鸽子窝,是观日出、看海潮的最佳境地。

山海关区是古代军事要塞,早在新石器时期就有人在此劳动生息。明朝洪武十四年(公元1381年),中山王徐达奉命修永平、界岭等关,再次创建山海关,因倚山连海,故得名"山海关",被誉为"天下第一关"。

山海关长城汇聚了中国古长城之精华。明万里长城的东段起点为老龙头,长城与大海交汇,碧海金沙、天开海岳、气势磅礴、驰名中外的"天下第一关"雄关高耸,素有"京师屏翰、辽左咽喉"之称;角山长城蜿蜒,烽台险峻,风景如画,这里"榆关八景"中的"山寺雨晴、瑞莲捧日"及奇妙的"栖贤佛光",吸引了众多的游客。孟姜女庙,演绎着中国四大民间传说之一"姜女寻夫"的动人故事。中国北方最大的天然花岗岩石洞"悬阳洞",奇窟异石,泉水潺潺,宛如世外桃源。塞外明珠"燕塞湖",美不胜收。

南戴河海滨旅游区位于抚宁县城东南19.5km,与北戴河海滨隔河相望,一桥相连。

东起戴河口,西至洋河口,海岸线长 1.5km,总面积为 2.5km²。南戴河海滨浴场沙软潮平,滩宽和缓,潮汐稳静,最高潮位 1.66m,最低潮位 0.66m,水温适度,安全舒适;海底沙细柔软,海水清澈透明,无污染,是海浴、沙浴和日光浴的理想佳境。著名书法家张仲愈先生曾挥毫写下"天下第一浴"的夸赞。

二、区域地质概况简介

1. 地层

秦皇岛地区的地层归属晋冀鲁豫地层区、燕辽地层分区,属华北型地层。除普遍缺失上奥陶统至下石炭统、下中三叠统、白垩系和第三系(古近系+新近系)之外,区内地层出露相对较全:有上元古界青白口系上部地层、下古生界寒武系和下奥陶统、上古生界上石炭统至二叠系、中生界三叠统至侏罗系和新生界第四系。本区与邻区地层对比见表 1-1。

2. 岩浆岩

秦皇岛地区处于燕山造山带东段,造山带活跃的内力地质作用使得岩浆岩分布十分广泛,而且岩浆岩活动以多期次和多样性为特点(表 1-2)。在时间上,区域岩浆岩活动包括新太古代五台期和中生代燕山期两个旋回。燕山期又包括中侏罗世(J_2)、晚侏罗世(J_3)和早白垩世(K_3)三期。秦皇岛地区岩浆岩包括了深成岩、浅成岩、喷出岩和火山碎屑岩等全部四大成因类型。岩石类型丰富,以中酸性岩类为主,普遍是中酸性侵入岩(花岗质岩石),基性、超基性岩石亦有发现。

3. 构造

秦皇岛地区大地构造位置处于中朝地块燕山褶皱造山带的东段,东临太平洋板块。在中元古代 Pt_2—新元古代 Pt_3 早期,燕山地区是一个近东西向的海洋,其中心地区沉积了万米厚的地层。随着地壳活动、岩浆活动和构造变形,沉积的地层普遍遭受了褶皱变形,成陆造山变异。该区的构造运动表现明显,既有升降运动,也有水平运动。

物探(重力、磁法、电法)实习区位于本区的主要褶皱构造——柳江向斜区内,柳江向斜位于老君顶—小傍水崖—鸡冠山一带,近南北向延伸(图 1-2),长约 20km,宽约 8km。柳江向斜的地层由新元古代—中生代地层组成,核部地层主要为二叠系,大多被侏罗系火山岩不整合覆盖。两翼地层主要为寒武系、奥陶系和石炭系。向斜西翼地层倾向南东东,倾角一般大于 50°,个别为 80°~90°。常发育南北走向的逆断层,致使部分地层出露不全;向斜东翼地层向西倾斜,倾角较缓,一般为 10°~25°,且地层出露较完整。柳江地区的断裂构造多数与柳江向斜背景有关。位于柳江向斜西翼的由数条逆断层组成的南北向断层带长达 10km,宽约 200~300m,断面倾向西,倾角大于 66°。北东向断层也是该区主要发育的断裂,分布于柳江向斜两翼。延伸较长,有正断层和逆断层两种类型。北西向断层主要分布于柳江向斜西翼的中、北部地区,规模较小,多为平移断层。东西向断层分布于柳江向斜的南北两端,主要形成于中生代时期。

表1-1 秦皇岛地区岩石地层单位序列及与邻区地层对比表

年代地层				岩石地层单位		
界	系	统	阶	山西地层分区	燕辽地层分区(西—东)	实习区
新生界	第四系	中—下更新统			泥河湾组 / 石匣组	
	新近系	上新统		九龙口组		
		中新统		灵山组	雪花山组 / 灵山组 / 汉诺坝组	
	古近系	渐新统			西坡里组 / 开地坊组	
		始新统				
中生界	白垩系	上统			南天门组	
		下统			青石粒组	
	侏罗系	上统			下店组 / 义县组 / 九佛堂组 / 义县组 / 大北沟组 / 张家口组	张家口组
		中统			土城子组 / 髫髻山组 / 九龙山组	髫髻山组
		下统			下花园组 / 南大岭组	下花园组
	三叠系	上统中统		杏石口组 / 二马营组		杏石口组
		下统		和尚沟组 / 刘家沟组		
古生界	二叠系	上统		孙家沟组		孙家沟组
		中统下统		石盒子组 / 山西组		石盒子组 / 山西组
	石炭系	上统		太原组		太原组
		中统			本溪组	本溪组
	奥陶系				马家沟组	马家沟组
		下统		三山子组	亮甲山组 / 冶里组	亮甲山组 / 冶里组
	寒武系	上统	凤山阶 长山阶 崮山阶		炒米店组 / 崮山组	炒米店组 / 崮山组
		中统	张夏阶 徐庄阶 毛庄阶		张夏组 / 馒头组	张夏组 / 徐庄组 / 毛庄组
		下统	龙王庙阶 沧浪铺阶		昌平组	馒头组 / 昌平组
新元古界	青白口系				景儿峪组 / 龙山组 / 下马岭组	景儿峪组 / 龙山组

表 1-2 秦皇岛地区岩浆岩一览表

旋回	时代	侵入岩		火山岩	
		深成岩	浅成岩	喷出岩	火山碎屑岩
燕山期	K_1	斑状石英正长岩*、斑状花岗岩*	花岗斑岩*、细粒花岗岩*、正长斑岩*、辉绿岩*、伟晶岩、细晶岩*	流纹岩*、安山岩*、粗面岩*	集块岩*、火山砾岩*、凝灰岩*
	J_3	花岗闪长岩*、闪长岩*	石英斑岩		
	J_2	花岗闪长岩、闪长岩、石英二长岩、花岗岩	玻基辉橄岩*、花岗斑岩	玄武安山岩*、安山岩*、流纹岩*	集块岩*、火山砾岩*、凝灰岩*
五台期	Ar_2	中粗粒花岗岩*、中细粒花岗岩、闪长岩	伟晶岩*、细晶岩*		

注：* 为秦皇岛地区可见到的岩石类型。

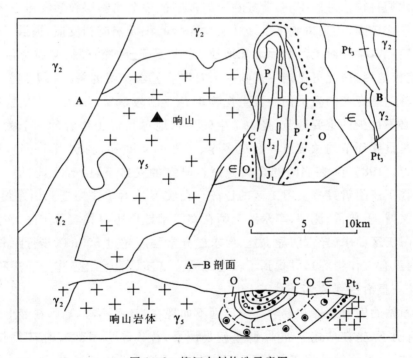

图 1-2 柳江向斜构造示意图

4. 实习工区相关地层、岩性的物性

了解和掌握工作地区调查目标及其周围地层岩石的物性是投入物探工作和选择相应物探方法的前提条件和基础工作。表 1-3 供实习参考，各组应该结合实习工区的地层、岩性情况实地测量统计。

表 1-3　实习工区部分相关地层、岩性的物性测量一览表

相关地层、岩性	密度(g/cm³)	磁化率(10⁻³ SI)	电阻率(Ω·M)	速度(m/s)
第四系土层	<2.0	0.909～1.300	40～90	
石灰岩	2.7	0.003～0.195		
辉绿岩	2.9～3.0	3.32～45.8	260～320	
花岗岩		0.025～0.183		4 500～6 500
砂页岩	2.62～2.72	0.006～0.142		

第三节　地球物理专业教学实习回顾

通过实践以达到动手能力、专业技能的培养是本专业学习的特点之一,历来各级领导、学校教员都十分重视,20世纪80年代原地质矿产部物化探研究所主持的《物化探科技消息》(物化探科技信息网网刊)曾经在全国范围征集金属物探教学实习工区,尽管征集所要求的条件比较高,还是得到了很多基层物探队的积极响应和反馈,提供了他们认为适合作为金属物探教学实习工区的地点和地质、矿床类型、钻探资料、交通及住宿条件等情况,供地质院校选择,由此可见老一代物探人对专业教学实习的关心和重视。

应用地球物理专业的教员们一贯重视物探专业的教学实习,认为这是物探专业学生学习的一个必不可少的重要环节,是由学生转换到地球物理工作者的一个关键过程。而实习工区更是重要环节的关键点。经过多年、多地的实践和选择(表1-4),秦皇岛实习站获得了肯定。1983年,在当时的金属物探教研室的安排下,由魏文博、屠万生、王传雷老师完成了在丁庄附近寻找实习工区的任务。在实习站由丁庄搬迁到山东堡后,1986年再次指派魏文博、王传雷、沈博、李永涛老师在实习基地周边寻找实习工区,按照教研室提出的关于实习工区要求(异常明显、磁法要求磁异常强度超过500nT、步行距离在45分钟以内、工区内没有农作物等),寻找到了较理想的公富庄、塔山工区,作为磁法和电法、重力的实习点,并一直沿用到2007年。

早年实习站的实习条件和教学环境远远不如现在,教室不够,老师在墙上挂块黑板讲课,学生在树阴下,坐在马扎上听课,膝盖就是课桌;往返工区虽然有时有大卡车接送,但经常是步行往返;采集的数据资料是手工计算,然后换人100%复查,再由学生组长进行10%的抽查,并分别签名以示负责。在编写实习报告期间,在树阴下常常可见学生们坐在马扎上,腿上垫一块绘图板,认真的绘制图件或书写报告。

学生们的艰苦奋斗、刻苦学习的精神体现了温家宝总理提倡的"艰苦朴素、求真务实"的地大精神。参与实习的学生不仅敬业精神和职业素质得到了培养,专业技能更是得到了提升。图1-3(b)是61811-2班学生实习时实测及绘制的江苏省镇江市柳四圩磁异常(Za)平面等值线图,对比可见61811-2班学生磁法野外数据采集的质量达到了生产单位的水准。

表 1-4　历年来的应用地球物理专业教学实习基本情况一览表

年级(级)	实习地点	实习方法	实习时间(周)	学生班级数(个)	指导老师人数(人)
75	地质队	电法、磁法	6	2	12
76	武汉 豹澥	电法、磁法	4	1	10
77	北戴河 丁庄	电法、磁法	4	1	10
78	武汉 南望山	电法、磁法	4	2	10
79	武汉 南望山	电法、磁法	4	2	12
80	北戴河 丁庄	电法、磁法	4	2	12
81	镇江 柳四圩	重、磁、电法	5	2	12
82	镇江 柳四圩	重、磁、电法	5	2	12
83	秦皇岛 山东堡	重、磁、电法	5	2	12
84	秦皇岛 山东堡	重、磁、电法	5	2	12
85	秦皇岛 山东堡	重、磁、电法	5	2	12
86	秦皇岛 山东堡	重、磁、电法	5	2	12
87	周口店实习站	重、磁、电、震	5	2	16
88	周口店实习站	重、磁、电、震	5	2	16
89	秦皇岛 山东堡	重、磁、电、震	5	2	16
90	秦皇岛 山东堡	重、磁、电、震	5	2	8
91	秦皇岛 山东堡	重、磁、电、震	5	2	8
92	秦皇岛 山东堡	重、磁、电、震	5	2	8
93	湖北 宜昌	重、磁、电、震	5	2	8
94	湖北 宜昌	重、磁、电、震	5	2	8
95	湖北 随州	重、磁、电、震	5	2	8
96	武汉 木兰湖	重、磁、电、震	5	2	8
97	秦皇岛 山东堡	重、磁、电、震	4+1	2	8
98	秦皇岛 山东堡	重、磁、电、震	4+1	2	8
99	秦皇岛 山东堡	重、磁、电、震	4+1	2	8
00	秦皇岛 山东堡	重、磁、电、震	4+1	2	8
01	秦皇岛 山东堡	重、磁、电、震	4+1	3	10
02	秦皇岛 山东堡	重、磁、电、震	4+1	3	10
03	秦皇岛 山东堡	重、磁、电、震	4+1	3	10
04	秦皇岛 山东堡	重、磁、电、震	4+1	3	10
05	秦皇岛 山东堡	重、磁、电、震	4+1	5	12
06	秦皇岛 山东堡	重、磁、电、震	4+1	5	12
07	秦皇岛 山东堡	重、磁、电、震	4+1	5	12

注：表中 4+1 周为实习站 4 周,学校 1 周。

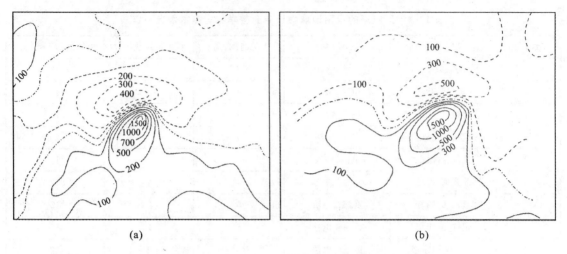

图 1-3 江苏省镇江市柳四圩磁异常(Za)平面等值线图(图中磁场单位:nT)
(a)冶金部 814 队实测绘制;(b)地大 81 级金属物探专业学生实测绘制

经过 30 多年的选择和比较,特别是学校领导的重视及其他一些有利因素,北戴河实习基地的建设使得其教学环境大大改善,因此地空学院最近 10 多年来一直坚持在此地进行专业教学实习。回顾这些历史,其中必须提及的一件事是 2008 年当提前一周来备课的老师到达实习站后,发现使用 20 多年的塔山工区已被燕山大学征用,不能再作为实习区了,而临时寻找新的实习工区面临很多困难。在这关键时刻,在秦皇岛工作的原 61842 班的田玉民校友给予了鼎力支持,提供了我们所需要的地质概况等关键资料,加上实习站刘爱民站长的尽心尽力,使我们在几天内再次找到了适合实习的砂锅店、刘家河工区,不仅保证了该年度专业教学实习的正常进行,而且沿用至今。

经过几十年的建设和积累,应用地球物理专业的师生不仅可以在这里进行资源勘探物探实习,还可以进行工程物探实习,不仅有固定实习工区,还有备用实习工区。同学们可以在这里得到更多的专业训练和提高。

第四节 地球物理专业教学实习内容及要求

一、地球物理专业教学实习内容及要求

专业教学实习是教学过程中极为重要的实践性教学环节。为了拓宽学生知识面、提高实际工作能力,适应市场经济发展的需要,采用将重、磁、电法、地震各方法与野外地质条件和工程任务相结合的方式,进行专业教学实习。其目的是:

(1)巩固校内理论教学成果,通过专业实践,进一步熟悉和掌握野外施工的工作技术。

(2)培养学生的动手能力、分析和解决野外实际问题的能力,并在综合分析能力方面得到初步训练。

(3)培养学生树立实事求是、严肃认真的科学态度和勇于探索、不畏艰苦的工作作风。
(4)使学生的独立思考能力、文字表达能力和口头表达能力得到训练和培养。
(5)培养学生组织和管理生产的能力。

因此实习期间要求参与物探专业教学实习的学生做到：

(1)初步掌握重、磁、电、震等物探方法在野外施工各个环节的基本工作过程和相关的技术要求。

(2)能熟练地操作各类专业仪器，切实掌握仪器的操作及保证仪器安全的主要措施。

(3)掌握各方法的工作设计、资料整理、图件绘制、推断解释和报告编写，要求每人能独立完成各方法实习报告。

在实习时间安排上，基本上是野外实习4周（秦皇岛），编写报告1周（校内），具体安排见表1-5。

表1-5 地球物理专业教学实习计划

	时 间 及 内 容	地 点
教员	提前7~10天进站备课； 专业教学实习指导（4周）	秦皇岛
	返校后指导学生完成实习报告编写并评阅报告（1周）	校内
学生	学生按照要求当天或者提前一天到实习站； 参加专业教学实习（4周）	秦皇岛
	实习结束后就地放假，返校后完成实习报告编写	校内

注：按照实习基地教学安排，具体时间以学校通知为准。

二、教学实习成绩评定及监督检查

教学实习成绩的考核与评定，是对学生掌握各种方法的理论和应用能力的综合考察，是对学生理论联系实际及动手能力的全面评价，亦是对学生工作态度、吃苦精神的评价，是对学生在教学实习过程中表现的总体评定。

1. 教学实习考核方式

采取平时考核与总结考核相结合的方法，总结考核包括实习报告（每人必交）或者实习答辩；对平时考核，则包括实习中的工作与学习态度，实际工作能力及任务完成情况等。实习总成绩评定时，平时考核占50%，总结考核（实习报告或实习答辩）占50%。

2. 教学实习成绩评定方法

(1)各方法根据报告编写、平时表现、实习答辩等评定成绩。

(2)根据重、磁、电、震4种方法的成绩，给定专业教学实习总成绩。

(3)实习总成绩评定分为优、良、中、及格与不及格共5个等级。

按照中国地质大学（武汉）《教学工作规程》中规定："学生必须参加教学计划规定的课程、课程设计、教学实习、生产实习和毕业论文等规定的考核。教学实习、生产实习不及格要重修，重修实习的经费由学生自理。"

3. 教学实习质量的监督检查

(1)教学实习由学院领导和党委委派的实习队队长(业务队长)、副队长(行政队长)负责，下设重、磁、电、震4个教学实习指导组，各设组长1人。

(2)每个教学实习指导组要按照计划进行教学实习。实习结束后组长要提交工作总结，内容包括野外实习的基本情况、学生实习态度、效果及实习成绩、建议或意见等。

(3)每个学生应有野外实习记录，并接受老师的检查和咨询。

(4)学院领导在实习期间到现场进行检查指导。

第五节　教学实习有关规定及纪律

中国地质大学(武汉)《教学工作规程》规定："学生必须参加教学计划规定的课程、课程设计、教学实习、生产实习和毕业论文等规定的考核。"为保证正常的实习教学秩序和教学计划的顺利实施、实习工作的顺利开展，根据学校和学院关于实习的有关规定，特作如下要求。

一、实习的组织

(1)在学院教学工作领导小组的领导下，按照实习要求选派实习指导教师，由学院教学副院长组织各系具体安排落实，成立实习指导小组，确定实习队长。

(2)实习指导小组负责贯彻执行实习计划，做好实习各项准备工作。

(3)实习资料和实习用品的准备以及交通等问题，根据具体实习内容的要求，由带队行政队长负责组织学生落实，并在实习开始之前完成。

二、教学指导小组主要职责

(1)实习过程中，要加强指导，严格要求，组织好各项教学活动。

①实习指导小组成员按照要求成立各方法组，每个方法组需制定实习计划安排。

②各方法组召集本组人员讨论和制定实习教学计划、人员和仪器使用计划和所需的材料计划等，并报队长汇总领出后分别保管和使用。

③参加实习的教师根据实习的时间安排按期到位，计划确定后原则上不能更换人员；无特殊情况不得中途退出或请假。

④本组方法实习结束后组长要作好工作总结。

(2)负责实习学生的思想教育与管理，关心学生的身体健康和生活情况，及时解决和处理实习中的问题，保证实习任务的完成。

(3)按照规定掌握实习经费开支，办理经费结算，杜绝浪费。

(4)指导学生完成实习报告，综合评定学生的实习成绩。

(5)实习结束后,实习队长应全面进行实习工作总结,并向学院汇报。

三、实习纪律

(1)实习一般不允许学生请假,确因特殊情况需要请假,须事先经主管教学院长批准,报教务处备案,自行按照学习安排补作。

(2)实习期间,必须严格遵守作息制度,不得迟到、早退;有事必须向实习队长请假,不得擅自离队。

(3)参加实习的学生要服从分配,听从指挥,严格遵守国家政策法令以及学校与实习基地的有关规章制度,维护社会安定和实习教学秩序。

①要求学生严格遵守实习基地有关规定,不准私自外出,服从管理,如有违反,将严格按照学校和实习站的管理规定严肃处理。

②按作息时间作息,劳逸结合,适度娱乐。

③男女交往文明得体。

④积极参加实习基地组织的政治学习和义务劳动。

(4)高度重视安全保健、保密工作,预防各类事故发生。

①切实注意人身安全,严禁私自外出下海游泳;穿越公路必须遵守交通指挥,走人行道。

②确保仪器安全,专人保管仪器,野外作业时严禁嬉闹。

③注意饮食卫生。

④不得携带保密资料、图件等到公共场所。

(5)保持良好的精神风貌。

①遵守群众纪律,尊重当地风俗习惯,与周围群众和睦相处。

②尊重教师,与实习基地工作人员友好相处。

③爱护国家财产,不得在墙上、桌上乱写乱画。

④同学之间要团结互助,宽容友爱。

⑤对外宾以礼相待,维护学校、国家声誉。

(6)实习领导小组有权对违反纪律的学生作出处理,并报学院备案。酿成严重后果,情节严重者,应依据有关规定追究责任。

教育必须为社会主义现代化服务,必须同劳动生产力相结合,培养德、智、体全面发展的专业技术人才。专业教学实习是本专业教学的重要环节,它是为了培养合格的、具有创新精神的物探专业科技人才而开设的。因此,参与地球物理专业教学实习的师生要团结一致,圆满完成实习任务。

第二章 重力勘探教学实习

第一节 重力勘探教学实习大纲

一、实习目的及要求

通过实习使每个同学都能通过理论和实践的结合,掌握重力勘探工作的各个环节,包括工作设计、仪器操作、野外观测、资料整理、异常解释及实习报告编写等。

学生须端正学习态度,严格遵守实习期间的各项规定和纪律。在选定的工区上,要求每个同学以工作人员的身份,参加重力勘探全部工作环节;并确保人员及仪器设备安全,圆满完成实习任务。

二、实习内容及时间安排(表 2-1)

表 2-1 北戴河重力勘探教学实习内容及时间安排表

时间		第一组	第二组	第三组	第四组	第五组	第六组
第一天	上午	上课:(1)工区地质、地球物理背景简介;(2)重力勘探技术设计与野外施工方法					
	下午	练习重力仪操作			水准测量练习		
	晚上	上课:(3)讨论并制定工区重力勘探技术方案;(4)近区、中区地形改正方法技术(学与练)					
第二天	上午	水准测量练习			练习重力仪操作		
	下午	LCR 重力仪操作考核、CG-5 重力仪操作强化练习					
	晚上	中区地形改正读图计算、野外施工准备					
第三天	上午	野外重力观测、近区地改			测网布置、野外水准测量、密度标本采集		
	下午						
	晚上	重力资料整理			测量资料整理、密度测定		
第四天	上午	测网布置、野外水准测量、密度标本采集			野外重力观测、近区地改		
	下午						
	晚上	测量资料整理、密度测定			重力资料整理		
第五天	上午	野外补测;各小组重力、测量、密度资料统一整理与交换					
	下午	上课:(5)布格重力异常计算与图示;(6)布格重力异常处理与解释					
	晚上	自行安排学习讨论,或参加学术报告会等活动					
第六天	上午	布格重力异常计算、绘图、初步处理与解释,报告准备					
	下午	重力勘探实习成果报告及讨论会、阶段小结					
	晚上	提交本大组工作成果,下一轮分组及工作安排					
第七天	全天	雨天机动时间					

三、小组工作任务

每个重力小组由 5～7 人组成，设组长 1 名，须完成以下基本任务：
(1) 不少于 40 个普通点的野外重力测量(含 5～8 个检查点)。
(2) 不少于 40 个普通点的水准测量，闭合差满足要求。
(3) 不少于 40 个普通点 0～20m 近区地改测量(含 5～8 个检查点)。
(4) 20 个普通点 20～700m 中区地改，并完成不少于 4 个检查点。
(5) 完成上述(1)～(4)项工作的资料整理，并与其他小组进行资料交换。
(6) 小组间合作完成重力、水准、地改的精度统计。
(7) 小组间合作，统一确定用于布格重力异常计算的各种数据，完成布格异常计算及其精度评定工作。
(8) 大组长负责协调各小组之间的关系，并整理、提交本大组最终工作成果。

第二节　重力勘探工作设计

一、重力勘探地质任务

1. 实习工区概况

本校北戴河实习基地附近曾使用过的重力实习工区包括塔山、砂锅店、刘家河—卞庄 3 个，2009 年和 2010 年也曾对鸡冠山工区进行了详细考察。

各工区基本地质情况及重力勘探任务如下。

塔山工区：位于实习基地西北方向约 3km，归提寨村之北，今属燕山大学校园西部的一部分，1986 年首次使用。以在新元古界黑云母花岗岩(具混合岩化)中对燕山期辉绿岩脉产状及分布进行调查，或在塔山圈定地下隐伏人防工事为地质任务，剖面或面积勘探工作均可较方便地开展，2007 年以后已不再使用。

砂锅店工区：位于实习基地以北约 30km 处，石门寨乡以北约 5km 处。地质上属柳江复向斜东部，出露地层主要为下古生界寒武—奥陶系石灰岩，可见早期海洋生物化石；断裂构造及岩浆活动发育，故以断裂和岩浆岩脉调查为实习地质任务，剖面或面积勘探工作均可较方便地开展。该工区不足之处是：①场地不够开阔，周围农田对施工造成影响；②工区西部地形起伏较大，地形改正效果不易保证，故近两年未被使用。

刘家河—卞庄工区：位于实习基地以北约 20 余千米处，石门寨乡以南约 4km 处。重力实习地质任务是对柳江盆地东南边缘断裂构造及岩浆岩分布进行调查，在刘家河—卞庄、侯庄一线，沿乡间道路进行路线剖面勘探，剖面总体走向约为 NW340°，长 3km。自 2008 年启用以来，施工场地变化较小，实习效果较理想。

鸡冠山工区：位于实习基地以北约 10km 处杜庄的西北方约 3km 处。地质上为一由两组相向的陡立正断层(北东走向)构成的小型地堑(称为汤河地堑),基底为晚-新元古界黑云母花岗岩,与沉积地层新元古界龙山组石英砂岩和下古生界寒武系碳酸盐岩类之间存在较稳定的密度差异,为重力勘探奠定了重要基础。区内有多条小路横切该地堑,可方便地布置多条勘探测线;不利之处是,工区南北部由坚硬石英砂岩组成的近50m的陡立高地给地形校正带来一定困难。

2. 刘家河—卞庄工区的地质任务和工作意义

该工区重力实习地质任务是,对柳江盆地东南边缘断裂构造及岩浆岩分布进行调查。

地质资料显示,实习工区内的地层分布,大致以北东东走向的平山-南林子-南刁部落逆断层(断裂带)为界,南部出露地层以元古界混合花岗岩为主,属区域变质岩;在混合花岗岩中存在燕山期辉绿岩脉,走向与断裂带基本一致,属浅层基性侵入岩浆岩体。

平山-南林子-南刁部落断裂带以北是柳江盆地,亦称柳江复向斜。该向斜核部位于工区西北,枢纽为南北走向,平面形态呈箱形,东西两翼地层倾角较大,南缘快速仰起,以上古生界至中生界地层为主(二叠系含煤)。盆地东部以寒武、奥陶等下古生界地层为主,岩性为盐酸岩类,边缘地带有少量上元古界青白口系地层出露,沉积层厚度小于盆地西部。工区内第四系沉积物主要分布于河谷等局部地段,厚度不大。

从地层岩石的岩性及其密度来看,断裂以北的下古生界和青白口系以碳酸盐岩组合为主,密度略大于南部作为基底的元古界混合花岗岩,密度差约 $0.1g/cm^3$,混合花岗岩内部与断裂构造有关的燕山期辉绿岩的密度则明显大于前二者,密度差约 $0.3g/cm^3$。可见,在该地区开展重力勘探的物理前提是充分的。

对平山-南林子-南刁部落断裂带的研究,可以提高对该地区地质构造和演化历史的认识。对柳江盆地煤炭资源评价与开发也有重要意义。另外,下古生界石灰岩地层以及花岗岩、辉绿岩等,都是可开发利用的建材资源,查明其分布范围和可开发储量对地方经济建设和长期发展具有不可忽视的价值。

由于现有地质资料对区内构造和岩浆岩分布等信息的揭露不够充分和详细,不同资料的描述还存在一定差异,从而使得本次重力勘探实习任务具有了重要意义。

二、设计基本原则

勘探比例尺的大小反映了对测区研究对象或异常体研究的精细程度,通常根据地质任务、规模及异常特征来确定。一般以不漏掉最小勘查对象所引起的异常为基本原则,进行面积性勘探时至少有一条测线穿过异常体,即测线距不能大于异常的水平延伸。

测线的方向应大致垂直于已知异常或勘查对象的走向,尽量与已有的其他物探剖面重合或者平行,并兼顾到布点、施工的方便。

选取测区时要使研究对象位于测区中央,使周围有足够范围的正常场,以确保异常的完整性,并尽可能包括部分勘探程度较高的地段。

对于一般的小范围测量,测区的形状尽可能规则,如采用矩形测网,测点均匀地分布在测区内,在已知的勘查对象上方测点可适当加密。

测网一般由相互平行的等间距测线和测线上等间距分布的测点组成,称为规则测网;用线距和点距表示测网密度,如 500×200、100×25、50×20 等(重力测网的点线距之比值一般不小于 1/4)。重力勘探规范所给出的中小比例尺设计的测网和相应的布格重力异常精度见表 2-2(适用于平原-丘陵地区),可供设计参考。

表 2-2 中小比例尺重力勘探的测网设计

比例尺	测线距(m)	测点距(m)	布格异常精度(微伽)
1∶50 000	500	100～250	400
1∶25 000	250	50～100	200
1∶10 000	100	20～50	80
1∶5 000	50	10～25	40
1∶2 500	25	5～10	20

三、实习工作设计

针对柳江盆地东南边沿断裂构造及岩浆岩分布进行调查这一地质任务要求,同时考虑到场地条件、实习装备及工作量适当等因素,本次重力勘探实习采用剖面重力测量方式进行。因此,重力工作技术设计的主要内容是测线位置、点距、布格异常精度设计及施工方案设计等。

根据相关地质、地球物理资料,工区内局部重力异常是由平山-南林子-南刁部落断裂带南北两侧地层密度差、第四系沉积物分布及其不均匀性、断裂带南部混合花岗岩与穿插其间的燕山期辉绿岩脉密度差 3 个主要因素决定;前二者引起的重力异常约为 0.5～1.0 毫伽,后者较难以准确估计,约为 1 毫伽左右。由全国布格重力异常图可知,工区位于一大规模东西走向的重力梯级带之上,该梯级带应由深部因素引起(Moho 面起伏),在测区中形成了由南向北均匀降低的趋势背景,水平重力梯度值约为 1 毫伽/km。

根据地质任务要求、重力勘探规程、可能的异常规模,以及工区地表施工条件等,提出以下设计意见,供同学们制定设计方案时参考。

(1)设计勘探剖面 1 条,可在刘家河—卞庄、侯庄一线,沿乡村道路布设路线剖面;测线位置及长度的设计主要考虑局部异常的完整性、所经地质构造及地质体的代表性、尽可能使测线垂直于构造方向(约为北东 60°～70°)、交通及施工方便等。

(2)剖面参考长度 3km 左右,参考点距 10～50m。

(3)布格重力异常总精度设计为 0.05 毫伽左右,并根据误差分配公式确定重力观测精度、各项校正精度以及测点点位和高程测量精度。

(4)测线敷设可采用地形图定位,罗盘确定方向,测绳测距确定测点位置,地面水准闭合测量确定测点高程的施工方式。如果实习队配备了足够精度的 GPS 用于测地工作,施工方案则应进行相应调整。

(5) 0~20m 近区地形改正使用简易地改仪在野外完成；中区地形改正基于1∶10 000地形图，使用扇形域方法进行改正，改正范围20~1 000m左右；远区从略。

(6) 重力测量在工区选定一个基点，采用相对测量法；异常计算和解释所需的密度参数根据实地采集的标本测定结果及搜集得到的物性资料确定。

(7) 对所获得的布格重力异常资料进行处理和推断解释，以获得对工区地下地质构造、地层及岩体分布等信息。成果图件比例尺为1∶10 000 或 1∶5 000。

四、布格重力异常误差计算

布格重力异常精度的高低由重力观测误差和异常计算中各项校正误差决定。其中，影响重力观测精度的因素主要是：重力仪观测误差、格值误差、非线性零位漂移误差、理论固体潮校正误差、基点网误差等。一般根据检查观测资料，由统计计算获得重力观测精度。布格重力异常计算中各项校正误差的确定方法如下。

1. 地形校正

根据重力勘探的地质任务和施工条件，地形校正分为近区、中区、远区进行，不同工区条件或不同施工设计者可以作出不同的地形校正工作设计。一般近区地形校正采用简易地改仪或人工目测进行，改正范围0~20m或50m，由一定比例的抽查统计确定近区地形校正精度。中区地改范围通常从近区改正范围至1 000m或2 000m，远区地改范围通常达到10km以上，采用电算或人工读图计算。

地形校正总精度按照各区的改正误差由下式计算：

$$\varepsilon_{地} = \pm(\varepsilon_{近}^2 + \varepsilon_{中}^2 + \varepsilon_{远}^2)^{\frac{1}{2}}$$

2. 纬度校正

因测点纬度不同而导致的正常重力变化，应在布格重力异常计算中予以消除。对于中小测区，可根据正常重力公式得到纬度校正公式：

$$\Delta g_{纬} = -0.814\sin(2\Phi)\Delta x$$

式中：$\Delta g_{纬}$——纬度校正值（单位：mGal）；

Φ——测区平均地理纬度；

Δx——测点南北向坐标与总基点南北向坐标的差值（单位：km）。

若将纬度校正值的误差认作完全由测点南北向坐标测量误差决定，则纬度校正误差写作：

$$\varepsilon_{纬} = \pm 0.814\sin(2\Phi)\varepsilon_{\Delta x}$$

式中：$\varepsilon_{纬}$——纬度校正精度；

$\varepsilon_{\Delta x}$——测点南北向坐标测量精度。

3. 布格校正

为消除因测点高程及布格层厚度不同而导致的重力变化，用下式计算布格校正值：

$$\Delta g_\text{布} = (0.308\,6 - 0.041\,9\sigma)\Delta h$$

式中：$\Delta g_\text{布}$——布格校正值（单位：mGal）；

σ——中间层校正密度（单位：g/cm³）；

Δh——测点与总基点之间的高程差（单位：m）。

若将布格校正值的误差认作完全由测点与总基点之间的高程差的测量误差决定（即忽略 σ 的取值误差），则布格校正误差写作：

$$\varepsilon_\text{布} = \pm(0.308\,6 - 0.041\,9\sigma)\varepsilon_{\Delta h}$$

式中：$\varepsilon_{\Delta h}$——高程测量精度；

$\varepsilon_\text{布}$——布格校正精度。

4. 布格重力异常总精度

根据独立误差合成原理，布格重力异常总精度用方和根公式计算：

$$\varepsilon_\text{总} = \pm(\varepsilon_\text{观测}^2 + \varepsilon_\text{地}^2 + \varepsilon_\text{布}^2 + \varepsilon_\text{纬}^2)^{\frac{1}{2}}$$

希望同学们认真思考、讨论，确定较完善的设计方案。在保证布格重力异常总精度满足设计要求的前提下，以达到提高工作效率、降低施工成本为目的，进行详细设计。

五、误差分配

当布格重力异常总精度确定之后，根据所使用的重力仪的性能、野外工作方法、工区地形条件、测地工作精度等，来合理地对重力观测精度及各项校正的误差进行分配。在满足布格重力异常总精度的前提下，通过反复调整使得所设计的各项精度都比较容易实现，以保证勘探工作的顺利进行，并具有较高的工作效率。

重力基点网的精度一般设计为测点观测精度的 1/2.5～1/3，这时，根据最小误差取舍准则，可以不考虑基点重力值误差对普通测点观测精度的影响。于是，布格重力异常总精度由测点观测精度、地形校正精度、纬度校正精度和布格校正精度 4 个部分组成。表 2-3 是部分比例尺重力勘探中误差分配的参考方案。

表 2-3 重力勘探中误差分配的参考方案

工作比例尺	异常总精度（微伽）	测点观测精度（微伽）	地形校正精度（微伽）	纬度校正精度（微伽）	布格校正精度（微伽）
1∶50 000	400	150	300	50	200
1∶25 000	200	80	150	30	100
1∶10 000	80	40	50	20	40
1∶5 000	40	20	25	10	20
1∶2 500	20	12	12	5	8

各项精度分配结束之后，需对地形校正精度、布格校正精度和纬度校正精度进行更进一步的分配和设计，并使用布格重力异常总精度的合成公式进行验算，以确保满足异常总

精度的设计要求：①地形校正总精度，结合校正方法，进一步分配至近区、中区、远区地形校正精度；②布格校正精度，根据误差计算公式，计算得出测点高程测量所需的精度；③纬度校正精度，根据误差计算公式，计算得出测点点位（南北向坐标）所需精度。

第三节 重力仪及其使用

一、重力仪类型与技术参数

重力仪分为相对重力仪和绝对重力仪，分别用于测定测点的绝对重力值和测点之间的相对重力值（重力差）；重力勘探中使用的都是相对重力仪。本次实习使用的美国 LCR 金属弹簧重力仪和加拿大 CG-5 石英弹簧重力仪，均是目前相对重力仪中的佼佼者。

LCR 重力仪由两个最基本部分组成：一是基于静力平衡原理的弹性系统，又称做灵敏系统，用来感受重力的微小变化，由于采用了零长弹簧助动结构而具有很高的灵敏度，因平衡体质量较大，故使用锁定装置；二是测读机构，用于观察弹性系统中平衡体的微小位移变化，并通过手动重力补偿，用水平零点读数法测量出重力变化值（根据测得的弹簧上端点的垂向位移量，通过格值转换获得）。

LCR 重力仪有适用于陆地、海洋、航空、井中等各个测量领域的一系列型号。其中，陆地重力仪有 G 型（大地型）、D 型（勘探型）和 ET 型（台站型，逐渐演变为 PET 和 g-Phone 等），前两种用于流动重力测量和重力勘探，主要性能指标及使用中需要注意的技术参数区别见表 2-4。

表 2-4 G 型和 D 型重力仪主要性能对比表

主要性能指标	LCR-G 型重力仪	LCR-D 型重力仪
计数器范围	0～7 000 格	0～2 000 格
格值变化范围	0.9～1.1 毫伽/格	0.09～0.12 毫伽/格
格值分段	100 格	100 格
直接测量范围	约 7 000 毫伽	约 200 毫伽
最小读数分划	约 10 微伽	约 1 微伽
零位变化速率	约 3 毫伽/月	约 3 毫伽/月
光学灵敏度	调至 10 格/毫伽左右（1 圈）	调至 10 格/毫伽左右（10 圈）
典型测量精度（当日闭合）	10～20 微伽	10 微伽左右
读数线位置	G-929 读数线位置 3.0	D-159 读数线位置 2.5
读数记录位	整数 4 位，小数 3 位	整数 4 位，小数 2 位
读数方式	G-929 光学读数	D-159 光学读数、电子读数

CG-5重力仪是从早期CG-2重力仪的基础上,经不断改造逐渐演变而形成的一种全自动重力仪。其基本原理与LCR重力仪相同,主要区别是:①弹性系统使用熔融石英制作,无需平衡体锁定装置;②测读系统使用静电反馈系统进行重力补偿,自动实现平衡体的归零操作,并根据记录反馈电压换算出重力变化值;③仪器观测中的调平、记录(包括剔除坏数和叠加计算)、格值换算、固体潮校正、内部温度校正等均实现了自动化和智能化;④由于石英弹簧极其脆弱,故容易被损坏,应注意保护。

CG-5重力仪的主要性能指标:直接测量范围约7 000毫伽(可覆盖整个地球表面,而无需进行测程调节);零位变化速率约0.5~1毫伽/日(是LCR重力仪的10倍或更大,但线性度较好);工作条件较好时当日闭合的典型测量精度约10~20微伽。

重力仪常用概念及需要注意的问题如下:

(1)灵敏度。一定重力变化所能引起平衡体偏角的大小称为角灵敏度,偏角越大,说明仪器的灵敏度越高。由于平衡体偏角的变化可以用刻度片上指示丝的位移表示,故重力仪的灵敏度也可用位移灵敏度衡量。

(2)零点读数法。选取平衡体的某一位置作为测量重力变化的起始位置,即零点位置;观察到重力变化后,用重力补偿方法将平衡体再调回零点位置;微测器上前后两个读数的差值反映了重力补偿值,即重力变化。当零点位置选定为水平位置时,零点读数法称做水平零点读数法,使用水平零点位置可使观测误差最小。

(3)零点漂移。重力仪的弹性元件在长期受力情况下会产生弹性疲劳,并持续发生蠕变,使弹性元件随时间推移产生极其微小的永久形变,这一形变导致的重力仪读数的长期持续变化称为重力仪的零点漂移。

(4)重力仪的核心部分为手工制作的机械装置,受材料、工艺、人员技术等影响,一般每台仪器的性能指标之间都存在一定差异,是正常的。

二、重力仪施工准备

1. 仪器检查及调节

(1)重力仪在使用前,需要提前把它加热到恒温温度,并稳定72小时以上。
(2)将重力仪的测量范围调整到适合当地工区的观测范围。
(3)测定水准曲线,并调整水准器位置,水泡偏离正确位置不超过1/4格。
(4)测定并调节仪器的灵敏度至9~11格/mGal。

仪器的灵敏度调节与纵、横水准曲线测定需要交叉进行;同时确定水平零点位置,即读数线位置;该读数位置经过仪器调整确定之后不再改变,工作中需要经常检查。

2. 重力仪静态试验

目的是了解仪器的静态零点漂移情况和环境温度对仪器的影响,每隔25~30分钟观测一次(CG-5重力仪具有自动观测记录功能,记录周期一般可选1~5分钟),在正式施工前要求连续观测24小时以上。观测资料经理论固体潮校正后,绘制重力仪的静态零位移曲线,当观测值的随机波动和漂移率指标均达到使用要求时,方可投入生产使用。

3. 重力仪动态试验

目的是了解重力仪在野外施工环境及使用条件下的零位变化特征。采用两点或多点重复观测方法,正式施工前要求连续观测时间覆盖仪器的实际使用的区间(一般连续观测时间为 10~12 小时)。观测资料经理论固体潮校正和段差修正后,绘制重力仪的动态零位移曲线,以此作为确定重力仪漂移线性变化的最大时间间隔(基点闭合时间长度)的依据,以及野外的最佳工作时间段。

4. 仪器的一致性检验

在工区用两台以上的仪器工作时,要进行一致性检验。在重力差较大(基本覆盖测区重力变化范围)的试验场地,选择 20~30 个点(点距与实际点距相当或相邻点重力差 2mGal 左右)进行多台仪器的同点观测。通过不同仪器对相同重力变化响应的一致性程度,了解和判断仪器的性能状况,并确定各台仪器的当前状况是否满足施工要求。

5. 格值及其标定

LCR 重力仪在出厂时给定了分段格值表(表 2-5),CG-5 重力仪观测数据则直接以毫伽为单位给出。仪器使用者只需在格值标定场获得比例因子,并用其对测得的重力差值进行修正即可。

表 2-5 LCR 重力仪格值表

	LCR G-929			LCR D-159	
计数器位置	累计重力差	间隔因子	计数器位置	累计重力差	间隔因子
2 700	2 739.68	1.014 12	0	0	0.120 720
2 800	2 841.10	1.014 14	100	12.072 0	0.120 486
2 900	2 942.51	1.014 15	200	24.120 6	0.120 283
3 000	3 034.92	1.014 16	300	36.148 9	0.120 107
3 100	3 145.34	1.014 17	400	48.159 6	0.119 952
3 200	3 246.76	1.014 18	500	60.154 8	0.119 815
3 300	3 348.18	1.014 19	600	72.136 3	0.119 690
3 400	3 449.59	1.014 21	700	84.105 3	0.119 576
3 500	3 551.02	1.014 22	800	96.062 9	0.119 468
3 600	3 652.44	1.014 23	900	108.009 7	0.119 363
3 700	3 753.86	1.014 25	1 000	119.946 0	0.119 259
3 800	3 855.29	1.014 27	1 100	131.871 9	0.119 155
3 900	3 956.71	1.014 28	1 200	143.787 4	0.119 048
4 000	4 058.14	1.014 29	1 300	155.692 2	0.118 936
4 100	4 159.57	1.014 30	1 400	167.585 8	0.118 820
4 200	4 261.00	1.014 31	1 500	179.467 8	0.118 698
4 300	4 362.43	1.014 31	1 600	191.337 6	0.118 570
4 400	4 463.86	1.014 30	1 700	203.194 6	0.118 436
4 500	4 565.29	1.014 29	1 800	215.038 3	0.118 298
4 600	4 666.72	1.014 28	1 900	226.868 0	0.118 154

重力仪在正式施工开工前、收工后，或者经过大、中修后都必须在国家级格值标定场上检验和标定格值，以确保重力值换算的准确性。

本校的3台重力仪2011年9月在庐山国家级格值标定场获得的标定结果如下：

LCR-G-929，格值比例因子1.000 720，标准差±0.000 072。

LCR-D-159，格值比例因子1.000 505，标准差±0.000 048。

CG-5-584#，格值比例因子1.000 288，标准差±0.000 047。

三、重力仪操作

LCR重力仪操作方法和步骤如下：

(1)将底盘平稳地放在观测点上，使底盘中间水泡大体居中（置平）。

(2)将仪器小心地从箱内取出，注意不要与仪器箱发生碰撞，轻缓平稳地放在底盘上，利用底盘凹面将仪器大致置平，打开照明开关。

(3)利用水平调节螺丝，使仪器面板上的横向、纵向两个气泡都准确调节居中。

(4)逆时针旋转夹固旋钮，注意均匀转动至尽头，使仪器松摆。

(5)静候数秒后，由目镜观察指示丝位置，顺时针转动读数盘使其从左到右精确地对准读数线（即零点位置，以指示丝左侧与读数线相切为准）；G-929重力仪的读数线为3.0，D-159重力仪的读数线为2.5。

(6)若指示丝位于读数线（零点位置）右侧，则先逆时针旋转读数盘，使其回到读数线（零点位置）的左侧，再顺时针转动读数盘使指示丝从左到右精确地对准读数线。

(7)读数方法：指示丝与读数线对准后，先读计数窗内的整数（4位），再读读数盘上的小数。注意，读数盘刻度为100分划，D-159重力仪读至2位小数，G-929重力仪读至3位小数（其末位为估读数）。

(8)逆时针旋转读数旋钮2~3周，使指示丝向左侧偏离读数线（此措施用于消除测微螺杆的螺距差，保证读数精度）。

(9)重复(5)、(7)两步骤，重复读数，直至取得的连续3个读数最大差值小于读数末位的10个单位为止，并依次记录每次观测值及最后一个观测值的观测时间。

(10)测量结束后，顺时针转动夹固旋钮（关摆）、关灯，将仪器轻轻放回箱内。

CG-5重力仪操作的主要内容是：仪器安置、开机、参数设置（包括仪器参数、测量参数和选项参数）、调平、测量及数据传输等，见本章附件2或厂家提供的用户手册。

四、重力仪安全事项

(1)轻拿轻放，严禁碰撞。重力仪属于精密易损仪器，不能磕碰，取出和安放仪器时要小心、动作轻缓。

(2)运输和使用过程中，经常检查仪器装箱的提把、背带、挂钩等是否牢固，以消除隐患；汽车运输过程中注意使用防振垫，并使仪器保持直立。

(3)防水、防晒。要避免阳光直晒和雨淋,野外作业时要给重力仪打伞。

(4)保持仪器水平放置。倾角不得超过20°,严禁大角度倾斜、横置和倒置。

(5)LCR重力仪调平后方可开摆,关摆后方可移动,读数中严禁非操作员触碰仪器。

(6)CG-5重力仪虽无锁摆程序,但熔融石英弹性系统的易损程度更高,尤其是仪器在三角架上的安置过程须格外小心。

(7)严禁在仪器旁边嬉戏打闹。

(8)经常检查仪器的供电状况,以及恒温温度。

第四节　重力勘探野外施工

一、基点选择与观测

重力测量采用相对测量方法。为了提高测量精度,控制仪器在测量过程中的零点漂移以及其他因素对仪器的影响,并将观测结果换算到统一基准水平,需要在重力测量过程中建立基点。对于比较大的测区,一般需要建立基点网。

基点应选择在地基稳固、联测方便、干扰小的地方。基点网采用重复观测法按照闭合环路进行联测;当需要建立多个环路时,每个环路所包含相邻环路中的基点数不得少于2个,以便作平差处理。

教学实习的测区范围一般较小,可不设基点网。必要时可以直接从总基点向外发展1~2个支基点,基点之间采用三重小循环进行联测,独立增量不少于2个,独立增量间最大互差不超过设计观测精度值(标准差),起传递重力值和控制重力仪零漂作用。

基点是训点重力值计算的起算点,也是重力测量的质量控制点;在重力测量开始和结束时均应在基点上进行观测,以便对重力仪的性能状况进行及时了解,并准确地对各观测点进行零点漂移校正。

二、普通测点观测

普通点是测区内为获得被观测地质对象引起的重力异常而布置的观测点。普通点一般采用单次观测方法。每次测量工作都开始于基点,并终止于基点。首尾两次基点间的观测时间不超过仪器零位变化线性范围的最大时间间隔。

观测方式概括如下:

(1)每个工作单元时间的重力测量必须始于基点,且止于基点。

(2)每个工作单元的早基点,需要作辅助基点观测(基点→辅助基点→基点);要求在基点和辅助基点上分别都读取3个合格观测值,最大差值小于读数末位的10个单位(约10微伽)。其中,两次基点的平均读数之差须小于读数末位的15个单位(约15微伽),否则,说明仪器的稳定性不够,暂时还不能进入重力测量工作。

(3)普通点采用单次观测,在每一个测点上读取3个读数,最大差值小于读数末位的10个单位,计算平均读数,同时记录观测时间。

(4)LCR重力仪操作,不同的操作人员进行观测时,客观上存在一定的视差,所以只能在基点上换操作员(应尽量避免)。

(5)注意在每个测点测定并记录仪器高,以便校正。

三、检查观测

为了检查和评价普通点重力观测质量,需要对测点观测质量进行检查。按照均匀分布原则抽取一定数量的测点作为检测点,对这些检测点再进行一次测量(单次检查观测),用检查观测获得的重力值与先前的测量结果进行比较,经统计确定重力测量结果的质量。

检查观测原则:

(1)"一同三不同"原则。即在同一点位,于不同时间、用不同仪器、由不同操作员进行检查观测。

(2)检查点的分布在时间和空间上大致均匀。

(3)检查点数应占总点数的3%~5%,并不少于30个。

由于实习工作量较小,同学们观测水平普遍不高,可考虑采用全部检查的方法进行(全部重复观测)。在每天的测量工作中,若各班组之间能够互相检查,则有利于及时发现问题,避免大量的工作量报废。

四、岩石密度测定

岩石密度资料是对重力观测结果进行各项校正,及对重力异常进行解释推断的十分重要的依据。密度资料的获取包括对前人资料的搜集整理和对工区进行岩石密度标本的采集、测定两方面,是重力勘探工作中不可缺少的组成部分。

岩石密度工作应围绕重力异常计算和解释的需要展开,并按工区及邻区地层、地质体的出露条件,进行密度标本采集和测定。工作时应该注意以下几点:

(1)标本采集应注意系统性、代表性。每种标本不少于30块,采集点分布合理。

(2)用岩石密度计或天平进行密度测定,并作统计。用标本密度的算术平均值作为各种岩石的密度测定结果,用标准差(标准不确定度)表示密度值的离散程度。

(3)地层平均密度的确定。在重力勘探的异常计算和解释中,通常需要使用地层平均密度,可根据岩石密度的测定结果统计获得,也可利用重力剖面法等确定地层平均密度。

五、测地工作

测地工作的主要任务是确定测点的平面位置坐标及其高程,目的是对重力测量结果作各项校正,以确定各点重力异常值,并进行图示。

测点的平面坐标和高程,一般采用1954北京坐标系和1956黄海高程。通常测地工作采用经纬仪、水准仪、激光测距仪、全站仪或 GPS 等仪器完成。由于实习工区较小、测点间高程变化不大,故可以使用 1∶10 000 地形图,采用特征点定位、罗盘定向(或沿地形图上的道路),用测绳定点,再利用水准仪测量高程的方法来开展测地工作。在总基点位置确定之后,通过测量工作可以获得所有测点及总基点的平面坐标及高程数据。

1. 测地工作设计

测线(测网)的布置按重力勘探的目的和要求进行;测点坐标及其高程的测量精度按重力勘探的总体精度要求,结合实际条件确定。测地工作设计应在重力勘探技术设计的同时进行,是重力勘探技术设计的重要组成部分。

2. 测线、测点布置

根据重力勘探技术设计,把设计的测线绘制在地形图上,确定起止点、长度,量取其方位角。到野外用地形图找到起点位置,配合罗盘确定测线走向,沿走向用测绳按照设计的点距逐次确定各个测点的点位,并作好标记。

采用相对坐标测量方法,用罗盘和测绳测量并计算得到各个测点与总基点的相对坐标值;用 X 表示南北方向坐标,向北增大;用 Y 表示东西方向坐标,向东增大;坐标原点为总基点。从地形图上读出总基点的坐标和高程后,则可以换算得到所有测点的 54 坐标及黄海高程,若将总基点和测线进行水准联测,则可获得较准确的相对高程。

3. 测点水准高程测量

利用水准仪的水平视线及其观测标志,读取其前后标尺的刻度,可以确定该两点的高程差值。通过多站连接点测量,取得测线中某一起始点与总基点的相对高程,再逐一向前进行测量,直至完成全部测点的水准高程测量。要求对标尺的正反两面进行读数,差值不大于 2mm,记录格式规范。

为控制和了解测点水准高程测量的精度,水准测量要求完成路线闭合,在没有足够的已知水准控制点情况下,可以采取从起始点出发再回到起始点的方法进行闭合测量。本次实习规定闭合差不大于设计的水准测量允许误差的 2 倍,所取得的资料合格后,再经过平差处理和计算取得全部测点的相对高程值。

4. 检查测量

对测点坐标和高程同样需要作一定检查测量,以确定其实际达到的测量精度。本次实习中要求对测点坐标测量进行部分抽查,水准测量则进行 100% 检查。

最后,将测点坐标及其高程的测量成果汇总,列出测地工作成果表。

六、地形校正

地形校正是重力勘探的重要工作内容,工作量大且繁琐,尤其在山区开展工作时,地形校正的质量往往对重力异常精度有至关重要的作用。

实习工区范围小且较为平坦(最大高差通常仅数十米),为地形校正工作提供了较有利的条件。地形校正参考方案如下：

(1)近区地改 0~20m。分为 0~10m 和 10~20m 两环，用简易地改仪在实地进行测量获得改正值；每环分为 8 个扇形锥或扇形柱，作圆域地改。

(2)中区地改 20~700m(测绘资料范围限制)。分为 20~50m、50~100m、100~200m、200~300m、300~500m、500~700m 六环，用地改量板从 1∶10 000 地形图读取高差后，从地改表中查出改正值(见本章附件 3)，并进行密度改算。其中，前三环分为 8 个扇形柱，后三环分为 16 个扇形柱，作圆域地改，读图及地改值计算表见表 2-6。

(3)经过估算，远区地改值的变化十分平缓，故略去远区地改工作，将其作为区域重力场背景看待，在异常划分时予以消除，不会对局部重力异常的形态产生明显影响。

表 2-6 中区地形改正计算表(部分)

测点号：_____ 测点高程：_____ 各环总改正值：_____微伽

范围	项目	1	2	3	4	5	6	7	8	校正值
20~50m	高程(m)									
	高差(m)									
	改正值									
50~100m	高程(m)									
	高差(m)									
	改正值									
100~200m	高程(m)									
	高差(m)									
	改正值									

第五节 重力资料整理与解释

一、重力资料整理与解释的主要内容

在确认野外工作中重力仪工作状态正常，工作程序和方法应用正确，野外记录完整清晰的前提下，进入重力资料整理与解释阶段。

重力资料整理、解释及实习报告编写中需要编制的主要成果图件和表格：
(1)工区交通位置图。
(2)重力勘探技术设计表。
(3)实际材料图(表示测线、测网、基点、检查点等在工区的位置)。
(4)重力基点联测成果表(必要时附基点平差图)。
(5)普通点重力观测成果表。
(6)检查观测精度统计表。

(7) 岩石密度测定与统计表。

(8) 测点地形改正表。

(9) 测地工作成果表。

(10) 布格重力异常计算表。

(11) 布格重力异常剖面图(或平面图)。

(12) 布格重力异常划分图(区域异常与局部异常划分)。

(13) 布格重力异常的各种水平及垂向导数图。

(14) 剩余重力异常的定性解释图。

(15) 剩余异常的定量解释图(各种数值模拟、反演成果等)。

正式物探图件中应有图框、图名、图幅号、接图表、比例尺、图例、技术说明、责任表和密级等内容,根据需要使用。

二、重力基点网观测资料整理

重力基点之间通常采用三重小循环进行联测,每条边要求完成2～4个独立增量的测量(视基点网设计精度而定)。观测数据在经过格值换算、固体潮校正、仪器高校正、线性零位移校正之后,求取各个独立增量值。

组成一个独立增量的2个段差之间,以及不同独立增量之间的偏差均不应超过基点网设计精度值的2.5倍;以该条边上的多个独立增量的平均值表示联测结果,并统一采用顺时针方向作为重力值的增大方向,在基点联测图上进行标示。若实习中基点网按闭合环路进行联测,则应进行平差处理,并计算平差精度。

重力基点观测资料处理完成后,编制重力基点联测成果表、基点平差图。

三、测点观测数据整理

根据普通点及观测时间段的首尾基点的重力观测值,以及各个观测值的获得时间、仪器高数据,在经过格值换算后,进行固体潮校正、线性零位移校正和仪器高校正,求得各普通点相对于总基点的重力差值。编制普通点重力观测计算表(表2-7)。

表2-7 普通点重力观测计算表

测区名称:		观测日期:		操作员:		计算者签名:		
地理纬度:		仪器编号:		记录员:		校对者签名:		
测点号	平均读数	观测时间	仪器高	格值转换	固潮汐校正值	零位校正值	仪器高校正值	相对重力值

在检查点上获得检查观测重力值,按单次等精度检查观测的精度计算公式,计算获得普通点观测精度值。编制重力测点检查观测精度统计表(表2-8)。

表2-8 重力测点检查观测精度统计表

测点号	观测重力值	检查重力值	偏差值(δg)	检查点号	观测重力值	检查重力值	偏差值(δg)
1				8			
2				9			
3				10			
4				11			
5				12			
6				13			
7				14			

检查观测精度统计:$\varepsilon = \pm\sqrt{\sum(\delta g_i)^2/2n}$ (n:检查点总数)

四、布格重力异常计算

根据初步整理获得的测点重力值,按照相关公式进行地形校正、正常场校正、布格校正,获取布格重力异常值。注意地形校正和布格校正密度的选取。

根据点位和高程的测量精度计算正常场校正和布格校正精度,根据各个分区地形校正的检查结果计算地形校正精度;结合已经获得的重力检查观测精度,用方和根公式(本指导书第二节第四部分)计算得到布格重力异常精度。

编制实习工区布格重力异常计算表(表2-9)。

表2-9 布格重力异常计算表

测点号	相对重力值	纬向坐标(X)	经向坐标(Y)	测点高程(H)	正常场校正值	布格校正值	地形校正值	布格重力异常

五、重力异常处理与解释

1. 布格重力异常剖面(平面)图绘制与检查

以不小于1:5 000比例尺的比例,在厘米纸上手工绘制布格重力异常剖面图(也可利用绘图软件绘制)。要求图幅设计规范、内容齐全、整洁美观、字迹工整。

根据所得到的布格重力异常形态和特征,结合已掌握的测区地质信息,对布格重力异常剖面图的可靠性、正确性进行判断,发现可疑数据应该及时检查原始记录及计算过程;对于个别明显的畸变点可予以剔除,但关键点出现畸变时应采取野外验证手段进行处理。畸变点消除后,方可采用异常圆滑等预处理手段。

2. 布格重力异常数据处理与解释

对异常进行数据处理与转换的目的是了解异常所包含的信息,并通过有效的方法提取所关心的信息成分。常用的方法很多,可根据实际情况选择使用。

鉴于实习工区具有面积小(勘探剖面短),地质构造和重力场背景并不十分复杂,且地质体之间密度差较明显等有利条件,可选用下列重力异常处理与解释方法。

(1)重力异常划分。区域重力图件显示,实习工区位于一大型东西走向的重力异常梯级带之上,该梯级带南高北低,宽度近百千米,且异常等值线分布均匀。所以,可将实习区的布格重力异常的趋势背景看做呈线性变化。进行了线性异常背景处理之后,可以得到仅反映地下局部密度不均匀分布而引起的局部重力异常(或称做剩余重力异常)。

(2)剩余重力异常的定性解释。根据剩余重力异常在石灰岩与混合花岗岩断裂接触带两侧的梯级带特征,及辉绿岩脉异常特征,可以获得地质界线的定性认识(断裂接触带大致位置,岩脉的两侧边界位置、水平宽度等)。若想得到更详细信息,则可以利用艾勒金斯公式或哈克公式计算(转换)得到布格重力异常的垂向二次导数,进行分析判定。

(3)剩余异常的定量解释。结合地质资料和测试获取的岩石密度数据,设计地质体的几何-物理模型。实习工区作为勘探目标的断裂带和辉绿岩脉均可以大致看做二度体,用相关的理论公式计算模型重力异常。反复修改模型,并与剩余异常曲线进行对比拟合,可以获得二维定量解释结果。

定量解释时应充分考虑到其他的密度变化因素,如测区内的第四系坡积物等。必要时,应该借鉴其他地质、地球物理资料,或进行实地勘察,达到根据重力异常的定性、定量解释,推断地下地质构造、场源体的位置和埋藏参数等目的。

3. 异常处理和解释图件编制

根据实际异常处理和解释过程所采用的方法,绘制实习报告编写所需的各种处理和解释图件,比例尺与布格重力异常图比例尺相同。

附件1 重力勘探实习报告编写参考提纲

第一章 序言
  1. 实习日期、地点、测区自然及交通条件
  2. 测区地质及地球物理概况
  3. 实习任务及其完成情况
第二章 重力勘探工作设计
  1. 实习的地质任务
  2. 勘探比例尺及测网的确定
  3. 各项精度要求的确定
  4. 施工方案与组织
第三章 重力勘探野外工作方法、技术
  1. 施工前仪器的准备
  2. 测地工作
  3. 测点重力观测与质量检查
  4. 地形改正
第四章 重力观测数据整理
  1. 重力观测数据整理
  2. 布格重力异常计算
  3. 布格重力异常精度评定
  4. 布格重力异常的图示(剖面与平面)
第五章 布格重力异常解释
  1. 布格重力异常特征描述
  2. 引起重力异常的因素分析
  3. 布格重力异常处理
  4. 布格重力异常的定性、定量解释
第六章 实习成果总结
结束语 实习的收获、体会、不足与建议

附件2 CG-5重力仪简要操作说明

一、准备工作

1. 重力仪供电

CG-5重力仪有两种供电方式:15V外接电源供电或智能电池供电。

(1)外接电源供电步骤:先把外接电源适配器的输入端与供电网连接(100~240V交流,47~63Hz),然后将15V直流输出连接到CG-5重力仪面板背后两针插座。

(2)智能电池供电:CG-5重力仪使用可充电"智能"锂电池。电池标称电压11.1V,标称容量6.6Ah,工作温度范围-20℃~60℃。两个充满电的电池可供CG-5重力仪在外界温度为25℃时连续工作超过14小时。电池的容量会随着温度的下降相应的减少,当电池剩余电量低于电池电量的10%时,仪器会以间隔15s的提示音予以提示,此时应及时连接外接电源或更换电池。若无法更换电池或连接外接电源,则应该取出电池以防止电池电量耗尽,否则当电池电量耗尽,会导致电池标定参数丢失,电池容量减小。若发生上述情况,可用CG-5重力仪配套充电器重新标定。

(3)智能电池安装步骤:①从仪器侧边打开电池仓盖;②连接器在电池仓的底部;③插入电池使之与连接器紧密结合;④将电池仓盖重新盖好(若以错误的方式插入电池,则无法盖好电池仓盖)。

(4)CG-5重力仪配有智能电池充电器,以便对电池单独充电,每个电池需要连续充电大约4小时充满。

(5)在CG-5重力仪断电超过48小时后,重新使用前,仪器需要通电48小时以上,其中预热4小时仪器才能达到运行温度,加热48小时后仪器才能稳定。

2. 冷启动及热启动

(1)冷启动

仪器出厂后第一次使用时,应该进行冷启动来重新设置仪器。以后的使用过程中,一般不再进行冷启动。需要注意的是数据在冷启动时将丢失,所以进行冷启动前要及时传输测量数据。启动步骤:①同时按下【setup/4】键和【ON/OFF】键启动仪器,系统将提示是否恢复为仪器缺省设置;②按【9】键进行冷启动;③或者按【recall/5】键取消冷启动。

(2)热启动

仪器使用过程中出现死机现象,例如页面无法更新、功能无法实现等,需要进行热启动。同时按【ON/OFF】键和【F1】键,系统将热启动;按住【setup】键,所有数据将被删除。

二、仪器的安置与开机

1. 仪器安置

(1)安放三角架:在测点处一块平地上,用力按下三角架,使每条腿的钢尖插入地面,方向为"T"字形,这样方便调节底部的螺旋调平仪器。

(2)仪器安置:将仪器平稳的放在三角架上,确保仪器底面的V形凹槽、锥形凹槽正好和三角架脚螺旋的球形端结合,这样仪器固定在三角架上,并且能够自由调平。

右手提住重力仪,左手扶住重力仪左前方的锥形凹槽,先将锥形凹槽与三角架左前方的球形端结合,然后轻微旋转仪器,将重力仪右前方的V形凹槽与三角架右前方的球型端结合,最后完全放稳仪器。

2. 重力仪开机

按【ON/OFF】键启动CG-5重力仪的显示器及微处理器。只要仪器中安装了至少一块电池或连接了外接电源,无论仪器是否开机,其内部的温度控制器及绝大多数电子元器件都始终保持通电状态,不受影响。

如果操作中要用到GPS,则先连接GPS接收天线到COM2接口,再开机。

三、参数设置

CG-5重力仪进行测量前,必须进行各种参数设置,这些参数是:测量参数、仪器参数、读数和循环及基准站选项、时钟参数、传输参数、内存。

按【SETUP】键,进入设置界面,主要包括Survey(测量),Autograv(仪器),Options(选项),Clock(时钟),Dump(传输),Memory(内存),Service(服务)选项。

采集数据前需要设置3套初始化参数,包括测量参数、仪器参数和选项参数。

1. 测量参数设置

选择Survey(测量)选项,按F5进入该菜单,进行测量参数的设置。

(1)测量标题确定

首先,在Survey Header界面上,对Survey ID(测量标记)、Customer(单位名称),Operator(操作者)进行测量标题参数的设置。如下图所示。

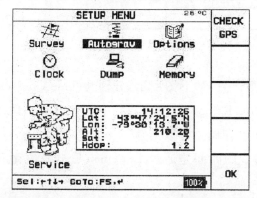 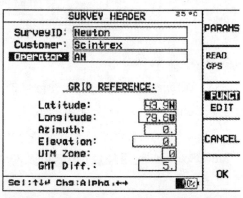

测量标记是一次测量项目的总称,测量项目中包括许多点的测量,因为数据是以测量标记为单位进行存储,所以除非数据已经传输到计算机,并且清除了存储器,其他情况下命名测量标记时,不允许重复使用同一个测量标记名称。所以在开始一个新的测量项目时,必须要重新命名。

(2)GPS 使用

在测量中需要使用 GPS 信号时,要先在关机状态下连接 GPS 接收天线到 COM2 接口,然后开机,在设置界面按【CHECK GPS】,如下图所示,出现一个卫星接收情况及坐标的提示框,内容为 UTC(世界时)、Latitude(纬度)、Longitude(经度)、Altitude(高程)、Satellite(卫星数)和 Hdop(平面位置精度因子)。

待坐标值稳定后,选择 Survey,进入 Survey Header 界面,按【READ GPS】键,则界面中 Grid Reference 项中的纬度(Latitude)与经度(Longitude)值就会自动改正,其余项需要手动设置的,将光标移动到需要更改的参数处,按【FUNCT/EDIT】键,选择 EDIT 功能,进行手动设置即可,其中,Azimuth 为方位角值,Elevation 为高程,UTM Zone 为基准网格点的 UTM 带,GMT Diff 为所在时区与 UTC 的时间差,该值应设为 −8。

(3)测站标记确定

系统允许使用如下 6 种模式以设置测站标记,分别为 NSEWm(北南东西,以米为单位),NSEWft(北南东西,以英尺为单位),XYm(以米为单位),XYft(以英尺为单位),UTMm(以米为单位)和 LAT/LONG(纬度/经度)。

在 Survey Header 界面,按【F1/PARAMS】参数键,进入测站设计系统(Station Designation System),按【F3/FUNC/EDIT】选中 EDIT 功能,选中"system",按左或右键在标记系统间转换,选择测站坐标系统为 XYm。选择后按【OK】,返回 Survey 选项。

2. 仪器参数设置

进入 Autograv(仪器)选项,进行仪器参数设置,如下图所示,分别为 Tide Correct(潮汐改正)、Cont Tilt Corr(连续倾斜改正)、Auto Reject(自动舍弃)、Terrain Corr(地形改正)、Seismic Filter(地震滤波)、Save Raw Data(存储原始数据)。

Tide Correct:利用经度、纬度以及与 UTC 的时间差通过 Longman 公式计算地球潮汐校正。

Cont. Tilt. Corr.：在不稳定的地面观测读数时，以 6Hz 的频率计算微小的垂直方向倾斜变化以进行持续的补偿，若此功能关闭，则将使用读数最后 1s 的倾斜值进行改正。

Auto Reject：自动舍弃高频率的噪声，通常高于 4 倍标准偏差的噪声被舍弃。通过地震滤波时高于 6 倍标准偏差的噪声将被舍弃。

Terrain Corr：通过标准的 Hammer 计算，改正地形对重力的影响。

Seismic Filter：地震滤波器过滤由地震和其他震动引起的低频噪声。地震滤波器是一个带有锥形孔的平均值滤波器。

Save Raw Data：以 6Hz 的频率存储原始数据。

测量时，一般选择第 1、第 2、第 3、第 5 项为"YES"，第 4、第 6 项为"NO"，按左或右键开启或关闭参数。设置完毕后，按 RECORD（记录）键存储并返回。

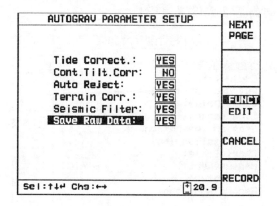

3. 选项参数设置

进入 Options 选项，设置读数时间、循环时间、循环次数、启动延时、测线间隔、测站间隔、测站编号自动增加、LCD 加温器和记录环境温度等内容，如下图所示。

Read Time：读数时间，指测量数据的持续时间，单位为秒，输入范围为 1～256。

Cycle Time：循环时间，是以秒计算的在重复读数时的时间间隔、允许值范围可到 99 999s。若设置 100s 的读数时间的同时，设置 200s 的循环时间，CG-5 会用 100s 来读数，再等待 100s 后进行下一次读数。需要注意的是考虑到一起相关的数据管理，循环时间至少比设置的读数时间值大 20s。例如，Read Time 设为 55s，实际运行时间为 60s，而循环时间设为 75s。

♯ of Cycle：循环次数，自动重复模式下读数次数自动重复，也可以通过输入 99 999 时采用基准站模式。允许范围是 0～99 998。

Start Delay：读数延迟，读数前，操作员希望仪器周围场地稳定所需要的时间，允许范围是 0～99s。

Line separation：测线间隔，以米为单位。

Station separation：测站间隔，以米为单位。通过输入一个值并且在 Auto station increment 设置为 ON 时使用。

Auto station Inc.：测站编号自动增加功能。可选择使用或禁止。使用时，一个测量循环完成后，测站编号自动增加。

Chart scale：图表比例尺。

Measurement：测量过程显示界面。可选择 NUMERIC（数字）或 GRAPHIC（图解）方式的测量显示界面。

LCD Heater：LCD 加温器。寒冷环境中操作仪器时，开启 LCD 加温器。

Record Amb. Temp：环境温度记录。选择记录环境温度后，记录高程的位置为记录环境温度。

一般设置 Read Time 为 55，Cycle Time 为 75，# of cycles 为 99 998，Start delay 为 5，Auto station inc 为 YES，Measurement 为 NUMERIC，设置完毕，按【OK】返回。

到目前为止，仪器的测量参数设置完毕！

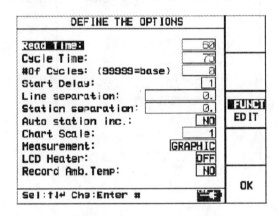

四、调平与测量

1. 测站点号输入

开机后，或设置好参数后按 MEASURE/CLR 键，会进入 station designation 界面，如下所示，在此界面中，可输入 Station（测站）、Line（测线）以及 Elevation（高程）信息。其中，若在 Options 设置时，Auto station Inc. 测站编号自动增加功能选择 YES，则使用时，一个测量循环完成后，测站编号自动增加，不需手动进行更改。

2. 调平

按【F5/LEVEL】键进入仪器调平，如下图所示，可以按照屏幕顶部焦炉图标指示的方向，旋转三角架的脚螺旋进行仪器调平。水平状态由十字丝和屏幕底部的弧秒显示。连续旋转脚螺旋直到交叉点进入中心小圆的内部（±10″），屏幕出现笑脸图标即可。注意先调平 Y 轴（垂直十字丝），再调节 X 轴。

至此，仪器作好采集数据的准备后，按【F5/READ GRAV】键开始测量。

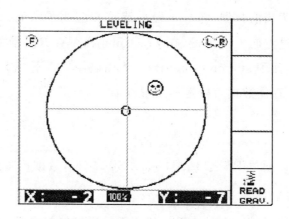

五、数据采集

在 OPTION 选项界面中选择了 Numeric(数字)测量模式、精确调平了仪器以及在 station designation 界面下确定了测站及测线信息后,会进入数字显示界面。如下图所示。

其中 3 773.222mGal 为未经过任何改正的重力值,表格 1、2、3、4、5 为前几组采样经改正后的重力结果及时间信息。图下方给出时间、温度、误差、标准差、倾斜改正、温度补偿等信息。

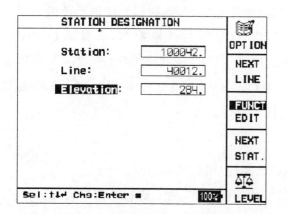
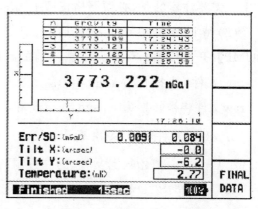

按 F5(Final Data)结束测量,进入以下菜单。

其中,Current栏为当前数据,包含了经过滤波和应用了所有改正后的当前重力值、时间和测站信息。通过方向上或下键,在Preceding栏可查看之前的数据。按RECORD保存当前数据,同时返回到station designation界面以便进行下一次测量;按CANCEL放弃当前数据,系统将不存储数据直接返回设置界面。

六、传输数据

CG-5重力仪可以通过RS-232端口或USB端口将数据传输到计算机上。

1. 通过USB端口传输数据

使用USB端口传输数据,CG-5重力仪不需要进行任何参数设置。只需要在计算机上安装USB驱动程序及软件SCTUTIL程序,在SCTUTIL程序的"Com接口参数"的窗口,选中"USB interface"即可。数据传输步骤:

(1)首先按【ON/OFF】键开启CG-5重力仪,USB数据线一端连接在CG-5的USB接口,另一端连接在计算机的USB口,如果是第一次使用USB口传输数据,计算机识别新硬件后会提示安装USB驱动程序,CG-5重力仪的USB驱动程序位于SCTUTIL光碟上。需要注意的是,必须严格按照上面的连接顺序进行,否则数据无法进行传输。

(2)待计算机识别了设备后,打开SCTUTIL程序的传输窗口,直接点【START DUMP】(开始传输),程序将根据当前的时间信息(年、月、日、小时、分)生成一个文件名*.raw文件,选择保存路径,传输完成后,点【CONVERT】转换数据格式,原始数据*.raw文件将被转换为*.sgd、*.txt和*.smp文件。

2. 数据文件格式及内容

(1) *.raw:原始数据文件,为二进制的数据文件,用户无法打开。

(2) *.sgd:SGD格式文件。该文件是必须传输的文件,为二进制的数据文件。

(3) *.smp:包含了未经处理的以6Hz为频率的重力值、X轴的偏移、Y轴的偏移和温度传感器记录。仪器界面中如果Save Raw Data也就是保存原始数据中设置为否,*.smp文件为空文档。

(4) *.txt:为传输的文本文件。内容如下图所示,前面三部分为测量之前进行各项参数设置内容,记录的观测数据分别是LINE(测线编号),STATION(测站编号),ALT.(高程),GRAV.(相对重力值),SD.(标准差),TILTX(X轴倾斜),TILTY(Y轴倾斜),TEMP(温度),TIDE(潮汐改正),DUR(读数时间),REJ(舍弃数量),TIME(时间),DEC. TIME+DATE(十进制时间),TERRAIN(地形改正),DATE(观测日期)。

```
/   CG-5 SURVEY
/   Survey name:      NOV25
/   Instrument S/N:   40584
/   Client:           DZDX
/   Operator:         116
/   Date:             2009/11/25
/   Time              08:18:15
/   LONG:             114.4000000 E
/   LAT:              30.5000000 N
/   ZONE:             50
/   GMT DIFF.:        -8.0
/
/   CG-5 SETUP PARAMETERS
/   Gref:             0.000
/   Gcal:             9064.927
/   TiltxS:           648.377
/   TiltyS:           643.597
/   TiltxO:           -26.239
/   TIltyO:           5.482
/   Tempco:           -0.125
/   Drift:            0.328
/   DriftTime Start:  08:19:13
/   DriftDate Start:  2009/11/25
/
/   CG-5 OPTIONS
/   Tide Correction:  YES
/   Continue. Tilt:   YES
/   Auto Rejection:   YES
/   Terrain Corr.:    NO
/   Seismic Filter:   YES
/   Raw Data:         NO
Line    14.000N
/-----LINE------STATION------ALT.------GRAV.---SD.---TILTX--TITY-TEMP----TIDE---DUR-REJ-----TIME----DEC.TIME+DATE--TERRAIN---DATE
14.0000000    1.0000000    0.0000  3098.992  0.036  1.5   -5.0  -0.12   0.029  55  10   08:20:19   40110.34689      0.0000  2009/11/25
```

七、注意事项

(1)轻拿轻放,平稳地放到三脚架上,以不发出声响为标准。

(2)测量运输途中尽量保持仪器直立,能减少恢复时间。

(3)在测量时,最好同时手动记录点号、重力值及时间。

(4)测量参数设置好后,在下个点或者下次野外作业的时候,一般不需要改动。

(5)常见故障及排除方法见下表。

出现的问题	可能的原因	可能的解决方法
重力仪无法启动	电池耗尽	插上充电器进行充电或换上充好电的电池
屏幕全亮或全暗	没调整到合适的对比度	按【DISPLAY】键,再按【F2(50%)】键
屏幕或键盘无法工作	内部计算机需要重置	同时按【ON/OFF】和【F1】键进行重力仪热启动
读数超出范围或读数接近 GCAL1 值以及 ERR/SD 过低	传感器锁定	用手指轻轻敲几下面板上的 Autograv 字样的位置进行一次新的读数,仪器不会测出错误结果
		若读数仍然有误,重复第一步反复轻敲重力仪,直到传感器解锁
电池不能正常的显示其状态及正常充放电,例如:电池比正常情况下充电快,而容量却减少	电池校准丢失	使用充电器重新校准

出现的问题	可能的原因	可能的解决方法
电池在 CG-5 重力仪的屏幕不能显示其正常的状态	需要重新设置内部电池充电器	拿掉一个电池或断开外接电源电缆几秒钟来重新设置电池控制器
显示器显示变化缓慢	环境温度过低,显示器无法正常工作	在 Options 界面下或通过先后按下【DISPLAY】键及【F1】键,打开屏幕加热器
数据无法传输	仪器和计算机间未连接 RS-232 或 USB 数据线	连接数据线
	RS-232 或 USB 数据线未连接到计算机上	连接数据线
	文件传输程序未能正确安装	检查 SCTUTIL 程序是否正确
即使按以上描述重置后,仪器还是无法工作	仪器需要冷启动	用【ON/OFF】键关掉仪器,再通过同时按下【ON/OFF】键和【SETUP】键。如果希望恢复最初的设置,首先将数据传输到计算机

附件3 扇形域重力地形改正表(20～700m)

20～50m 　　　　　　　　($n=8$ $\sigma=2.0$ Δh 单位:m　　重力改正值单位:微伽)

Δh	0	1	2	3	4	5	6	7	8	9
0	0	0	0	0	0	0	0.1	0.1	0.1	0.1
1	0.2	0.2	0.2	0.3	0.3	0.4	0.4	0.5	0.5	0.6
2	0.6	0.7	0.8	0.8	0.9	1.0	1.1	1.1	1.2	1.3
3	1.4	1.5	1.6	1.7	1.8	1.9	2.0	2.1	2.2	2.4
4	2.5	2.6	2.7	2.9	3.0	3.1	3.3	3.4	3.5	3.7
5	3.8	4.0	4.1	4.3	4.5	4.6	4.8	5.0	5.1	5.3
6	5.5	5.6	5.8	6.0	6.2	6.4	6.6	6.8	7.0	7.2
7	7.4	7.6	7.8	8.0	8.2	8.4	8.6	8.8	9.0	9.3
8	9.5	9.7	9.9	10.2	10.4	10.6	10.9	11.1	11.3	11.6
9	11.8	12.1	12.3	12.6	12.8	13.1	13.3	13.6	13.8	14.1
10	14.4	17.1	19.9	23.0	26.1	29.3	32.6	36.0	39.5	42.9
20	46.4	50.0	53.5	57.0	60.6	64.1	67.5	71.0	74.4	77.8
30	81.2	84.5	87.7	90.9	94.1	97.2	100.3	103.3	106.2	109.2
40	112.0	114.8	117.5	120.2	122.9	125.5	128.0	130.5	132.9	135.3
50	137.7	140.0	142.2	144.4	146.6	148.7	150.8	152.8	154.8	156.7
60	158.7	160.5	162.4	164.2	165.9	167.6	169.3	171.0	172.6	174.2
70	175.8	177.3	178.8	180.3	181.7	183.2	184.6	185.9	187.3	188.6
80	189.9	191.1	192.4	193.6	194.8	196.0	197.1	198.3	199.4	200.5
90	201.6	202.6	203.7	204.7	205.7	206.7	207.7	208.6	209.6	210.5

50～100m　　　　　　　　　　　　($n=8$　$\sigma=2.0$　Δh 单位：m　　重力改正值单位：微伽)

Δh	0	1	2	3	4	5	6	7	8	9
0	0	0	0	0	0	0	0	0	0	0
1	0.1	0.1	0.1	0.1	0.1	0.1	0.1	0.2	0.2	0.2
2	0.2	0.2	0.3	0.3	0.3	0.3	0.4	0.4	0.4	0.4
3	0.5	0.5	0.5	0.6	0.6	0.6	0.7	0.7	0.8	0.8
4	0.8	0.9	0.9	1.0	1.0	1.1	1.1	1.2	1.2	1.3
5	1.3	1.4	1.4	1.5	1.5	1.6	1.6	1.7	1.8	1.8
6	1.9	1.9	2.0	2.1	2.1	2.2	2.3	2.3	2.4	2.5
7	2.5	2.6	2.7	2.8	2.8	2.9	3.0	3.1	3.2	3.2
8	3.3	3.4	3.5	3.6	3.7	3.7	3.8	3.9	4.0	4.1
9	4.2	4.3	4.4	4.5	4.6	4.7	4.8	4.8	4.9	5.0
10	5.1	6.2	7.4	8.6	9.9	11.3	12.8	14.4	16.1	17.8
20	19.6	21.5	23.4	25.4	27.5	29.6	31.8	34.0	36.3	38.6
30	40.9	43.3	45.8	48.2	50.7	53.3	55.8	58.4	61.0	63.7
40	66.3	69.0	71.6	74.3	77.0	79.7	82.4	85.2	87.9	90.6
50	93.3	96.0	98.8	101.5	104.2	106.9	109.6	112.3	115.0	117.7
60	120.3	123.0	125.6	128.2	130.9	133.5	136.0	138.6	141.2	143.7
70	146.2	148.7	151.2	153.7	156.2	158.6	161.0	163.4	165.8	168.2
80	170.5	172.9	175.2	177.5	179.7	82.0	184.2	186.5	188.7	190.8
90	193.0	195.1	197.3	199.4	201.4	203.5	205.5	207.6	209.6	211.6
100	213.5	215.5	217.4	219.4	221.3	223.1	225.0	226.8	228.7	230.5
110	232.3	234.1	235.8	237.6	239.3	241.0	242.7	244.4	246.0	247.7
120	249.3	250.9	252.5	254.1	255.7	257.2	258.8	260.3	261.8	263.3
130	264.8	266.2	267.7	269.1	270.6	272.0	273.4	274.8	276.1	277.5
140	278.8	280.2	281.5	282.8	284.1	285.4	286.7	287.9	289.2	290.4
150	291.6	292.9	294.1	295.3	296.4	297.6	298.8	299.9	301.1	302.2
160	303.3	304.4	305.5	306.6	307.7	308.8	309.8	310.9	311.9	313.0
170	314.0	315.0	316.0	317.0	318.0	319.0	320.0	320.9	321.9	322.8
180	323.8	324.7	325.6	326.5	327.5	328.4	329.3	330.1	331.0	331.9
190	332.8	333.6	334.5	335.3	336.1	337.0	337.8	338.6	339.4	340.2

100～200m　　　　　　　　　　　　($n=8$　$\sigma=2.0$　Δh 单位:m　　重力改正值单位:微伽)

Δh	0	1	2	3	4	5	6	7	8	9
0	0	0	0	0	0	0	0	0	0	0
1	0	0	0	0	0.1	0.1	0.1	0.1	0.1	0.1
2	0.1	0.1	0.1	0.1	0.2	0.2	0.2	0.2	0.2	0.2
3	0.2	0.3	0.3	0.3	0.3	0.3	0.3	0.4	0.4	0.4
4	0.4	0.4	0.5	0.5	0.5	0.5	0.6	0.6	0.6	0.6
5	0.7	0.7	0.7	0.7	0.8	0.8	0.8	0.8	0.9	0.9
6	0.9	1.0	1.0	1.0	1.1	1.1	1.1	1.2	1.2	1.2
7	1.3	1.3	1.4	1.4	1.4	1.5	1.5	1.5	1.6	1.6
8	1.7	1.7	1.8	1.8	1.8	1.9	1.9	2.0	2.0	2.1
9	2.1	2.2	2.2	2.3	2.3	2.4	2.4	2.5	2.5	2.6
10	2.6	3.2	3.7	4.4	5.1	5.8	6.6	7.5	8.4	9.3
20	10.3	11.3	12.4	13.5	14.7	15.9	17.2	18.5	19.9	21.3
30	22.7	24.2	25.7	27.2	28.8	30.5	32.1	33.9	35.6	37.4
40	39.2	41.1	43.0	44.9	46.8	48.8	50.8	52.9	54.9	57.0
50	59.2	61.3	63.5	65.7	68.0	70.2	72.5	74.8	77.1	79.5
60	81.9	84.2	86.7	89.1	91.5	94.0	96.5	99.0	101.5	104
70	106.5	109.1	111.7	114.2	116.8	119.4	122.1	124.7	127.3	129.9
80	132.6	135.3	137.9	140.6	143.3	146.0	148.6	151.3	154.0	156.7
90	159.5	162.2	164.9	167.6	170.3	173.0	175.8	178.5	181.2	183.9
100	186.6	189.4	192.1	194.8	197.5	200.3	203.0	205.7	208.4	211.1
110	213.8	216.5	219.2	221.9	224.6	227.3	230.0	232.6	235.3	238.0
120	240.6	243.3	245.9	248.6	251.2	253.8	256.5	259.1	261.7	264.3
130	266.9	269.5	272.1	274.7	277.2	279.8	282.3	284.9	287.4	290.0
140	292.5	295.0	297.5	300.0	302.5	305.0	307.4	309.9	312.3	314.8
150	317.2	319.7	322.1	324.5	326.9	329.3	331.7	334.0	336.4	338.7
160	341.1	343.4	345.7	348.1	350.4	352.7	355.0	357.2	359.5	361.8
170	364.0	366.2	368.5	370.7	372.9	375.1	377.3	379.5	381.7	383.8
180	386.0	388.1	390.3	392.4	394.5	396.6	398.7	400.8	402.9	404.9
190	407.0	409.1	411.1	413.1	415.2	417.2	419.2	421.2	423.2	425.1
200	427.1	429.1	431.0	432.9	434.9	436.8	438.7	440.6	442.5	444.4
210	446.3	448.1	450.0	451.8	453.7	455.5	457.3	459.2	461.0	462.8
220	464.6	466.3	468.1	469.9	471.6	473.4	475.1	476.8	478.6	480.3
230	482.0	483.7	485.4	487.1	488.7	490.4	492.1	493.7	495.4	497.0
240	498.6	500.2	501.8	503.4	505.0	506.6	508.2	509.8	511.3	512.9
250	514.5	516.0	517.5	519.1	520.6	522.1	523.6	525.1	526.6	528.1
260	529.6	531.0	532.5	533.9	535.4	536.8	538.3	539.7	541.1	542.5
270	544.0	545.4	546.8	548.1	549.5	550.9	552.3	553.6	555.0	556.3
280	557.7	559.0	560.4	561.7	563.0	564.3	565.6	566.9	568.2	569.5
290	570.8	572.1	573.3	574.6	575.9	577.1	578.4	579.6	580.8	582.1
300	583.3	584.5	585.7	586.9	588.1	589.3	590.5	591.7	592.9	594.1

200～300m　　　　　　　　　　　($n=16$　$\sigma=2.0$　Δh 单位:m　　重力改正值单位:微伽)

Δh	0	1	2	3	4	5	6	7	8	9
0	0	0	0	0	0	0	0	0	0	0
1	0	0	0	0	0	0	0	0	0	0
2	0	0	0	0	0	0	0	0	0	0
3	0	0	0	0	0.1	0.1	0.1	0.1	0.1	0.1
4	0.1	0.1	0.1	0.1	0.1	0.1	0.1	0.1	0.1	0.1
5	0.1	0.1	0.1	0.1	0.1	0.1	0.1	0.1	0.1	0.2
6	0.2	0.2	0.2	0.2	0.2	0.2	0.2	0.2	0.2	0.2
7	0.2	0.2	0.2	0.2	0.2	0.2	0.2	0.3	0.3	0.3
8	0.3	0.3	0.3	0.3	0.3	0.3	0.3	0.3	0.3	0.3
9	0.4	0.4	0.4	0.4	0.4	0.4	0.4	0.4	0.4	0.4
10	0.4	0.5	0.6	0.7	0.9	1.0	1.1	1.3	1.4	1.6
20	1.7	1.9	2.1	2.3	2.5	2.7	2.9	3.2	3.4	3.6
30	3.9	4.1	4.4	4.7	5	5.3	5.6	5.9	6.2	6.5
40	6.8	7.2	7.5	7.9	8.2	8.6	9.0	9.4	9.8	10.2
50	10.6	11.0	11.4	11.8	12.3	12.7	13.1	13.6	14.1	14.5
60	15.0	15.5	16.0	16.5	17.0	17.5	18.0	18.5	19.0	19.6
70	20.1	20.6	21.2	21.8	22.3	22.9	23.4	24.0	24.6	25.2
80	25.8	26.4	27.0	27.6	28.2	28.8	29.5	30.1	30.7	31.4
90	32.0	32.6	33.3	34.0	34.6	35.3	35.9	36.6	37.3	38.0
100	38.7	39.3	40.0	40.7	41.4	42.1	42.8	43.5	44.3	45.0
110	45.7	46.4	47.1	47.9	48.6	49.3	50.1	50.8	51.6	52.3
120	53.1	53.8	54.6	55.3	56.1	56.8	57.6	58.4	59.1	59.9
130	60.7	61.4	62.2	63.0	63.8	64.6	65.3	66.1	66.9	67.7
140	68.5	69.3	70.1	70.9	71.6	72.4	73.2	74.0	74.8	75.6
150	76.4	77.2	78.0	78.8	79.6	80.4	81.2	82.1	82.9	83.7
160	84.5	85.3	86.1	86.9	87.7	88.5	89.3	90.1	90.9	91.8
170	92.6	93.4	94.2	95.0	95.8	96.6	97.4	98.2	99.0	99.9
180	100.7	101.5	102.3	103.1	103.9	104.7	105.5	106.3	107.1	107.9
190	108.7	109.5	110.3	111.1	112.0	112.8	113.6	114.4	115.2	116.0
200	116.8	117.6	118.4	119.1	119.9	120.7	121.5	122.3	123.1	123.9
210	124.7	125.5	126.3	127.1	127.8	128.6	129.4	130.2	131.0	131.8
220	132.5	133.3	134.1	134.9	135.6	136.4	137.2	138.0	138.7	139.5
230	140.3	141.0	141.8	142.5	143.3	144.1	144.8	145.6	146.3	147.1
240	147.8	148.6	149.3	150.1	150.8	151.6	152.3	153.1	153.8	154.6
250	155.3	156.0	156.8	157.5	158.2	159.0	159.7	160.4	161.1	161.9
260	162.6	163.3	164.0	164.7	165.5	166.2	166.9	167.6	168.3	169.0

Δh	0	1	2	3	4	5	6	7	8	9
270	169.7	170.4	171.1	171.8	172.5	173.2	173.9	174.6	175.3	176.0
280	176.7	177.4	178.1	178.7	179.4	180.1	180.8	181.5	182.1	182.8
290	183.5	184.2	184.8	185.5	186.2	186.8	187.5	188.1	188.8	189.5
300	190.1	190.8	191.4	192.1	192.7	193.4	194.0	194.7	195.3	195.9
310	196.6	197.2	197.8	198.5	199.1	199.7	200.4	201.0	201.6	202.2
320	202.9	203.5	204.1	204.7	205.3	205.9	206.6	207.2	207.8	208.4
330	209.0	209.6	210.2	210.8	211.4	212.0	212.6	213.2	213.8	214.4
340	214.9	215.5	216.1	216.7	217.3	217.9	218.4	219.0	219.6	220.2
350	220.7	221.3	221.9	222.4	223.0	223.6	224.1	224.7	225.2	225.8
360	226.4	226.9	227.5	228.0	228.6	229.1	229.7	230.2	230.8	231.3
370	231.8	232.4	232.9	233.4	234.0	234.5	235.0	235.6	236.1	236.6
380	237.1	237.7	238.2	238.7	239.2	239.8	240.3	240.8	241.3	241.8
390	242.3	242.8	243.3	243.8	244.3	244.8	245.3	245.8	246.3	246.8
400	247.3	247.8	248.3	248.8	249.3	249.8	250.3	250.8	251.2	251.7

300～500m　　　　　　　　　　($n=16$　$\sigma=2.0$　Δh 单位：m　　　重力改正值单位：微伽)

Δh	0	1	2	3	4	5	6	7	8	9
0	0	0	0	0	0	0	0	0	0	0
1	0	0	0	0	0	0	0	0	0	0
2	0	0	0	0	0	0	0	0	0	0
3	0	0	0	0	0	0	0	0	0.1	0.1
4	0.1	0.1	0.1	0.1	0.1	0.1	0.1	0.1	0.1	0.1
5	0.1	0.1	0.1	0.1	0.1	0.1	0.1	0.1	0.1	0.1
6	0.1	0.1	0.1	0.1	0.1	0.1	0.2	0.2	0.2	0.2
7	0.2	0.2	0.2	0.2	0.2	0.2	0.2	0.2	0.2	0.2
8	0.2	0.2	0.2	0.2	0.2	0.3	0.3	0.3	0.3	0.3
9	0.3	0.3	0.3	0.3	0.3	0.3	0.3	0.3	0.3	0.3
10	0.3	0.4	0.5	0.6	0.7	0.8	0.9	1.0	1.1	1.3
20	1.4	1.5	1.7	1.8	2.0	2.2	2.4	2.5	2.7	2.9
30	3.1	3.3	3.6	3.8	4.0	4.2	4.5	4.7	5.0	5.3
40	5.5	5.8	6.1	6.4	6.7	7.0	7.3	7.6	7.9	8.3
50	8.6	9.0	9.3	9.7	10.0	10.4	10.8	11.2	11.5	11.9
60	12.3	12.7	13.2	13.6	14.0	14.4	14.9	15.3	15.8	16.2
70	16.7	17.1	17.6	18.1	18.6	19.1	19.6	20.1	20.6	21.1

80	21.6	22.1	22.7	23.2	23.7	24.3	24.8	25.4	26.0	26.5
90	27.1	27.7	28.3	28.9	29.5	30.1	30.7	31.3	31.9	32.5
100	33.1	33.8	34.4	35.0	35.7	36.3	37.0	37.7	38.3	39.0
110	39.7	40.4	41.0	41.7	42.4	43.1	43.8	44.5	45.2	46.0
120	46.7	47.4	48.1	48.9	49.6	50.4	51.1	51.8	52.6	53.4
130	54.1	54.9	55.7	56.4	57.2	58.0	58.8	59.6	60.4	61.2
140	62.0	62.8	63.6	64.4	65.2	66.0	66.8	67.7	68.5	69.3
150	70.2	71.0	71.9	72.7	73.5	74.4	75.3	76.1	77.0	77.8
160	78.7	79.6	80.4	81.3	82.2	83.1	84.0	84.9	85.7	86.6
170	87.5	88.4	89.3	90.2	91.1	92.0	93.0	93.9	94.8	95.7
180	96.6	97.5	98.5	99.4	100.3	101.3	102.2	103.1	104.1	105.0
190	105.9	106.9	107.8	108.8	109.7	110.7	111.6	112.6	113.5	114.5
200	115.5	116.4	117.4	118.3	119.3	120.3	121.2	122.2	123.2	124.2
210	125.1	126.1	127.1	128.1	129.0	130.0	131.0	132.0	133.0	134.0
220	135.0	135.9	136.9	137.9	138.9	139.9	140.9	141.9	142.9	143.9
230	144.9	145.9	146.9	147.9	148.9	149.9	150.9	151.9	152.9	153.9
240	154.9	155.9	156.9	157.9	158.9	159.9	161.0	162.0	163.0	164.0
250	165.0	166.0	167.0	168.0	169.0	170.1	171.1	172.1	173.1	174.1
260	175.1	176.1	177.1	178.2	179.2	180.2	181.2	182.2	183.2	184.3
270	185.3	186.3	187.3	188.3	189.3	190.3	191.4	192.4	193.4	194.4
280	195.4	196.4	197.4	198.5	199.5	200.5	201.5	202.5	203.5	204.5
290	205.6	206.6	207.6	208.6	209.6	210.6	211.6	212.6	213.6	214.7
300	215.7	216.7	217.7	218.7	219.7	220.7	221.7	222.7	223.7	224.7
310	225.7	226.7	227.7	228.7	229.7	230.7	231.7	232.7	233.7	234.7
320	235.7	236.7	237.7	238.7	239.7	240.7	241.7	242.7	243.7	244.7
330	245.7	246.7	247.7	248.7	249.6	250.6	251.6	252.6	253.6	254.6
340	255.6	256.5	257.5	258.5	259.5	260.5	261.4	262.4	263.4	264.4
350	265.3	266.3	267.3	268.2	269.2	270.2	271.2	272.1	273.1	274.1
360	275.0	276.0	276.9	277.9	278.9	279.8	280.8	281.7	282.7	283.6
370	284.6	285.6	286.5	287.5	288.4	289.4	290.3	291.2	292.2	293.1
380	294.1	295.0	296.0	296.9	297.8	298.8	299.7	300.6	301.6	302.5
390	303.4	304.4	305.3	306.2	307.1	308.1	309.0	309.9	310.8	311.8
400	312.7	313.6	314.5	315.4	316.3	317.3	318.2	319.1	320.0	320.9

500～700m　　　　　　　　($n=16$　$\sigma=2.0$　Δh 单位:m　　重力改正值单位:微伽)

Δh	0	1	2	3	4	5	6	7	8	9
0	0	0	0	0	0	0	0	0	0	0
1	0	0	0	0	0	0	0	0	0	0
2	0	0	0	0	0	0	0	0	0	0
3	0	0	0	0	0	0	0	0	0	0
4	0	0	0	0	0	0	0	0	0	0
5	0	0	0	0	0	0	0	0	0.1	0.1
6	0.1	0.1	0.1	0.1	0.1	0.1	0.1	0.1	0.1	0.1
7	0.1	0.1	0.1	0.1	0.1	0.1	0.1	0.1	0.1	0.1
8	0.1	0.1	0.1	0.1	0.1	0.1	0.1	0.1	0.1	0.1
9	0.1	0.1	0.1	0.1	0.1	0.1	0.1	0.1	0.1	0.1
10	0.1	0.2	0.2	0.3	0.3	0.3	0.4	0.4	0.5	0.5
20	0.6	0.7	0.7	0.8	0.9	0.9	1.0	1.1	1.2	1.3
30	1.3	1.4	1.5	1.6	1.7	1.8	1.9	2.0	2.2	2.3
40	2.4	2.5	2.6	2.8	2.9	3.0	3.2	3.3	3.4	3.6
50	3.7	3.9	4.0	4.2	4.3	4.5	4.7	4.8	5.0	5.2
60	5.3	5.5	5.7	5.9	6.1	6.3	6.5	6.7	6.9	7.1
70	7.3	7.5	7.7	7.9	8.1	8.3	8.5	8.8	9.0	9.2
80	9.4	9.7	9.9	10.2	10.4	10.6	10.9	11.1	11.4	11.7
90	11.9	12.2	12.4	12.7	13.0	13.2	13.5	13.8	14.1	14.4
100	14.6	14.9	15.2	15.5	15.8	16.1	16.4	16.7	17.0	17.3
110	17.6	18.0	18.3	18.6	18.9	19.2	19.6	19.9	20.2	20.6
120	20.9	21.2	21.6	21.9	22.3	22.6	23.0	23.3	23.7	24.0
130	24.4	24.7	25.1	25.5	25.8	26.2	26.6	27.0	27.4	27.7
140	28.1	28.5	28.9	29.3	29.7	30.1	30.5	30.9	31.3	31.7
150	32.1	32.5	32.9	33.3	33.7	34.1	34.6	35.0	35.4	35.8
160	36.3	36.7	37.1	37.6	38.0	38.4	38.9	39.3	39.8	40.2
170	40.7	41.1	41.6	42.0	42.5	42.9	43.4	43.9	44.3	44.8
180	45.3	45.7	46.2	46.7	47.2	47.6	48.1	48.6	49.1	49.6
190	50.1	50.5	51.0	51.5	52.0	52.5	53.0	53.5	54.0	54.5
200	55.0	55.5	56.1	56.6	57.1	57.6	58.1	58.6	59.1	59.7
210	60.2	60.7	61.2	61.8	62.3	62.8	63.4	63.9	64.4	65.0

220	65.5	66.0	66.6	67.1	67.7	68.2	68.8	69.3	69.9	70.4
230	71.0	71.5	72.1	72.6	73.2	73.8	74.3	74.9	75.4	76.0
240	76.6	77.1	77.7	78.3	78.9	79.4	80.0	80.6	81.2	81.7
250	82.3	82.9	83.5	84.1	84.7	85.2	85.8	86.4	87.0	87.6
260	88.2	88.8	89.4	90.0	90.6	91.2	91.8	92.4	93.0	93.6
270	94.2	94.8	95.4	96.0	96.6	97.2	97.8	98.4	99.0	99.6
280	100.3	100.9	101.5	102.1	102.7	103.3	104.0	104.6	105.2	105.8
290	106.4	107.1	107.7	108.3	108.9	109.6	110.2	110.8	111.5	112.1
300	112.7	113.4	114.0	114.6	115.3	115.9	116.5	117.2	117.8	118.4
310	119.1	119.7	120.4	121.0	121.6	122.3	122.9	123.6	124.2	124.9
320	125.5	126.2	126.8	127.4	128.1	128.7	129.4	130.0	130.7	131.3
330	132.0	132.6	133.3	134.0	134.6	135.3	135.9	136.6	137.2	137.9
340	138.5	139.2	139.9	140.5	141.2	141.8	142.5	143.1	143.8	144.5
350	145.1	145.8	146.5	147.1	147.8	148.4	149.1	149.8	150.4	151.1
360	151.8	152.4	153.1	153.8	154.4	155.1	155.8	156.4	157.1	157.8
370	158.4	159.1	159.8	160.4	161.1	161.8	162.4	163.1	163.8	164.5
380	165.1	165.8	166.5	167.1	167.8	168.5	169.2	169.8	170.5	171.2
390	171.8	172.5	173.2	173.9	174.5	175.2	175.9	176.5	177.2	177.9
400	178.6	179.2	179.9	180.6	181.3	181.9	182.6	183.3	184.0	184.6
410	185.3	186.0	186.7	187.3	188.0	188.7	189.4	190.0	190.7	191.4
420	192.0	192.7	193.4	194.1	194.7	195.4	196.1	196.8	197.4	198.1
430	198.8	199.5	200.1	200.8	201.5	202.2	202.8	203.5	204.2	204.8
440	205.5	206.2	206.9	207.5	208.2	208.9	209.6	210.2	210.9	211.6
450	212.2	212.9	213.6	214.3	214.9	215.6	216.3	216.9	217.6	218.3
460	219.0	219.6	220.3	221.0	221.6	222.3	223.0	223.6	224.3	225.0
470	225.6	226.3	227.0	227.6	228.3	229.0	229.6	230.3	231.0	231.6
480	232.3	233.0	233.6	234.3	235.0	235.6	236.3	237.0	237.6	238.3
490	238.9	239.6	240.3	240.9	241.6	242.3	242.9	243.6	244.2	244.9
500	245.6	246.2	246.9	247.5	248.2	248.8	249.5	250.2	250.8	251.5

第三章　磁法勘探教学实习

第一节　磁法勘探教学实习大纲

一、教学实习的目的

磁法勘探本身是一门实践性很强的专业技术,在课堂学习中初步掌握了其基本理论,但野外磁测工作方法技术及仪器操作尚需通过教学实习来完成。因此,每一位参加教学实习的学生都应该达到以下要求:

(1)巩固和加深对课堂理论教学的认识和理解。

(2)初步进行野外磁测工作方法技术的基本训练,了解和尽可能掌握磁法勘探野外工作的全过程,掌握数据采集、整理、图示及解释的基本技能。

(3)了解和掌握磁测工作设计书的编写要点。

(4)了解和掌握生产报告的编写方法。

(5)实事求是的科学态度和严肃认真、不怕困难、艰苦朴素的工作作风的训练及培养。

二、教学实习的要求和内容

实习期间,要求每一位学生在选定的工区上,以工作人员的身份,参加磁法勘探生产的全部过程,即从技术设计、野外施工、室内资料整理、成果图示、资料解释到最后写出实习报告。

通过磁法教学实习,每一位学生都应该基本掌握以下专业技能:

(1)工作设计中关于测区、测网和工作比例尺的选择;磁测精度的确定及保证磁测精度的措施。

(2)磁测野外工作的基本过程。

(3)关于仪器性能的检测方法和评价标准。

(4)野外磁测工作的质量检查和评价方法。

(5)原始数据的各项校正计算和磁测图件的绘制及要求。

(6)磁测工作设计书及磁测工作报告的编写。

三、教学实习的时间安排

按照学校要求,目前应用地球物理专业教学实习的时间是 5 周,其中在实习站 4 周,学生依次参加重、磁、电、震 4 种方法的实习,每种方法实习时间为 7 天。表 3-1 就是计划中的磁法勘探教学实习内容及安排。

由于磁力仪的进步,与以往相比,现在用于仪器操作训练的时间大大减少,但实习时间还是比较紧,希望学生们抓紧时间、主动学习和提高自己的专业技能。

表 3-1 磁法勘探教学实习内容及安排

时间安排		教学实习内容
第一天	上午	测区地质、地球物理概况介绍与实习任务下达等(上课)
	下午	磁力仪操作训练及仪器性能检查/工作设计讨论制定(分组进行)
	晚自习	磁力仪操作训练/工作设计讨论制定(各组自主安排)
第二天	上午	磁力仪操作训练及仪器性能检查/工作设计讨论制定(分组进行)
	下午	分组汇报工作设计并根据实习任务讨论确定本轮的工作设计
	晚自习	磁力仪操作训练及仪器性能检查数据整理计算
第三天	上午	浅地表 UXO 磁法探测(工程物探实习)
	下午	资料整理及图示(讲课),仪器操作练习
	晚自习	浅地表 UXO 磁法探测数据整理及图示
第四天	全天	辉绿岩岩体磁法调查(资源地质调查实习)
第五天	全天	磁测资料整理及图示
第六天	上午	磁法勘探教学实习报告编写(上课),实习资料汇总
	下午	磁法勘探教学实习总结交流
第七天	全天	机动

第二节 地质任务和工作设计原则

磁法勘探是以探测目标与其周围物质间的磁性差异为基础,通过观测与研究实测磁场的变化规律以达到查明地质构造和寻找局部磁性目标体的一种物探方法。因此,选择投入磁法勘探的前提条件是探测目标体与其周围物质间是否存在磁性差异。有差异,磁法勘探才有效果;磁性差异越明显、目标体埋深越浅、目标体规模越大,对磁法勘探工作越有利。工区中的电、磁干扰大小及干扰是否能被识别和压制也是选择是否投入磁法勘察的前提条件之一。

根据地质任务,制定一个完善的工作设计是完成任务的基本保证。教学实习要求学生熟悉磁法工作的全过程,但实习时间又限制了每一个人通晓全过程的深度,比如工区地质资料的收集和踏勘只能通过老师的介绍和图片了解,而我们理想中的由学生自己收集、分析和总结的情景尚待时日。因此,要求学生以磁法技术负责人的标准和责任要求自己,根据工作任务,参照教程和有关规范,结合老师介绍的资料信息等,分组讨论,共同制定和确认各项技术指标和保证完成任务的措施,并在工作实践中严格参照执行,以培养和提高自己的磁法勘探专业技能。

一、地质任务及背景资料

1. 地质任务

磁法勘探教学实习结合工程物探和辉绿岩脉的地质调查工作,安排以下两类实习任务。

任务一:使用磁法技术进行掩埋模拟炸弹等铁磁性危险物体的调查,查明模拟铁磁性危险物体的平面位置并对比验证。详查面积约$(30 \times 15) m^2$。

要求:自主设计,保证质量,结果可靠,定位准确。

目的:通过对掩埋铁磁性物体的详查,了解工程物探工作中磁法工作的特点;了解环境干扰对磁异常和磁测工作的影响;了解磁力仪探头高度的变化与局部磁性体磁异常强度和形态变化的关系;加深对不同磁化方向场源磁异常分布特征的了解。通过实习任务的完成,培养良好的科学态度和严谨的工作作风。

任务二:使用磁法技术进行辉绿岩脉的普查,查明砂锅店/大梁山测区辉绿岩脉的赋存情况(辉绿岩脉的走向、规模、埋深等);测区面积大于$(70 \times 100) m^2$。

要求:设计合理,质量可靠,结果可信,熟悉过程。

目的:通过地质资源调查实践,熟悉磁法勘探工作的各个过程,培养良好的科学态度和严谨的工作作风,提高实践动手能力。

2. 实习工区背景资料

根据上述地质勘探任务的不同,相关的背景资料分述如下。

使用磁法技术进行掩埋铁磁性危险物体的调查,在城市等工程建设中会遇到,其特点是探测目标的磁性比较强,埋深比较浅,场源的规模相对较小,场强变化大、衰减快,磁异常的分布范围有限,测区内外的干扰复杂。因此,如何设计测网密度,如何选择探头高度,以获得能够反映分布细节特征的磁异常;如何区分干扰、识别目标体的异常,以及加强现场记录是完成此类工作的重点。

使用磁法技术进行掩埋模拟炸弹等铁磁性危险物体的调查实习测区在实习站内,利用周边的环境和人为埋设的不同形体、不同磁化方向的模型体进行训练。图3-1是2010年第一批实习同学实测绘制的磁异常平面等值线图。

测区地下4~5m以内是砂土及砂砾石层,以下是花岗岩。同学们可以在指导老师带

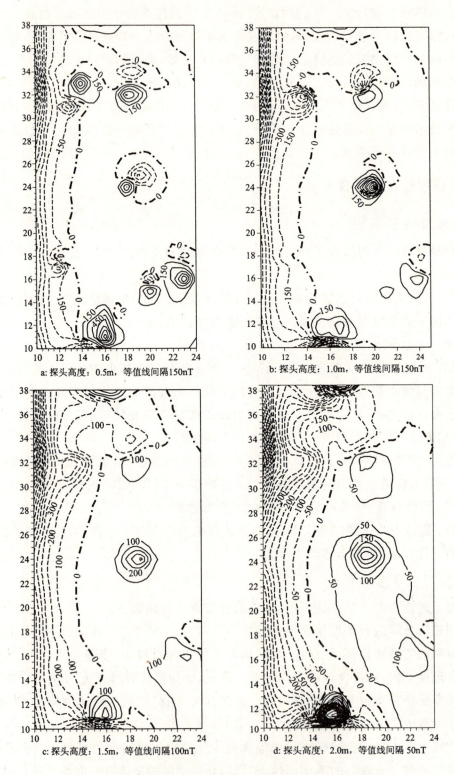

图 3-1 实习站铁磁性危险物模型体探测磁异常平面等值线图

(图中坐标单位:m;磁场单位:nT。下同)

领下对测区及周边环境进行考察,考察时注意判断可能对磁测产生干扰影响的场源、性质及位置。然后参考图3-1中磁异常的强度、1/2极大值的分布范围及完成测量时选择的技术参数(探头高度、测网密度等),根据本节第二部分(磁法工作设计要点),选择和确定本组的工作设计。

结合辉绿岩脉普查的磁法教学实习在砂锅店或者大梁山测区实施。测区面积不等,根据测区当年是否种植庄稼而选择其中一个工区使用(图1-1)。

砂锅店测区位于石门寨区砂锅店村东边1 500m的山坡上,地形变化不大。地表有耕作土覆盖,但大部分为第四系土层,围岩主要是石灰岩,岩性比较单一。测区中有辉绿岩脉出露,辉绿岩脉的长度大于120m。有沿东西方向连续出现以及被断层破坏的地球物理场特征(图3-2)。在《北戴河地质认识实习指导书》(王家生,2004)中的野外地质教学实习路线一章的第五节(砂锅店—亮甲山路线)中有部分地质介绍可供参考。

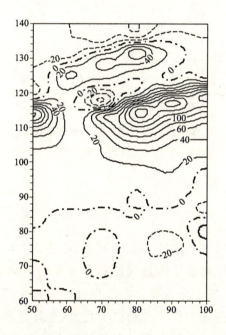

图3-2 砂锅店磁法Ⅱ测区磁异常平面等值线分布图

受农作物的影响,在砂锅店先后安排了两个测区,两个测区相邻。

大梁山测区位于秦皇岛市郊北部"秦皇岛国家地质公园"附近,距离251省道约1 000m,测区主体在山坡上,地形变化较大。地表植被丰富,岩石露头不多,围岩主要是砂岩及变质岩。在一挖坑中有辉绿岩出露,走向和宽度不明确。

大梁山测区的磁异常与砂锅店磁异常在走向及特征上有明显的区别(图3-3)。

实习工区背景资料及以往的磁测工作如上所述,在做工作设计时应该认真参考分析,各实习小组应团结一心,把好质量关,争取比往届的学生做的更好。

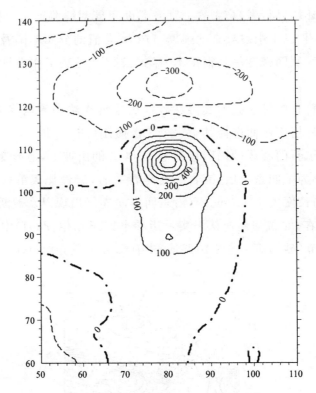

图 3-3 大梁山磁法测区磁异常平面等值线分布图(2010)

二、磁法工作设计要点

1. 物性参数测定

探测目标体及其周边物质的磁性参数的调查、收集、采集测量、统计工作在磁法勘察工作中是必不可少的。物性参数工作是选择和确定是否投入磁法勘察的基础,对磁异常的解释、场源性质的分析判断十分重要。在工作设计中必须要有体现。

标本采集与物性参数测定工作应做到以下几点:在异常和矿化蚀变地段,凡能采到新鲜岩石的地方,必须采集标本;进行各种磁参数的测定工作,每个测点不应少于5块标本,以提高代表性;对典型剖面上的全部钻孔及其他有关勘探线上的钻孔的岩芯,要进行磁性测定工作,岩芯取样密度依岩性及矿体特点而定,在每点上取两块标本;同类岩矿石的物性参数测定数量应该大于30个;要选择一些典型标本作岩矿鉴定、光谱或其他分析;测定标本磁性参数的灵敏度要与磁测总精度相适应,并满足异常解释的需要;当磁化率大于0.01SI时,要作退磁改正。

定向标本的采集、测试、计算和统计可参见教科书和工作规范。使用磁化率仪测量岩矿石的磁化率操作较简单,指导老师会在现场指导学生使用。

2. 磁测工作精度及选择原则

在地面磁法工作规范中,磁测工作精度分为一级、二级、三级。各级精度的划分为:

一级精度　重复观测的均方误差(m)：≤±1.0nT；
二级精度　重复观测的均方误差(m)：±(1.0～2.0)nT；
三级精度　重复观测的均方误差(m)：±(2.0～5.0)nT。

磁测精度的选择和确定取决于最小有意义的探测目标体所能引起的磁异常强度。通常确定磁测精度为最小有意义的探测目标体所能引起的磁异常强度的1/5～1/6。在考虑磁测资料的综合利用时，可适当提高磁测精度。

磁测总精度是测点观测误差(含操作及点位误差、仪器噪声均方误差、仪器一致性误差以及日变改正误差)、正常场与高度等各项改正误差的总和。在设计时可根据实际技术条件，在保证总精度的前提下，提高某项精度和降低另一项精度，可参考表3-2进行误差分配。

表3-2　磁测误差分配表

磁测总误差(nT)	野外观测均方根误差(m^2)，nT					基点、高程及正常场改正误差(m^2)，nT			
	总计	操作及点位误差	仪器一致性误差	仪器噪声误差	日变改正误差	总计	正常场改正误差	高程改正误差	总基点改正误差
5	4.36	2.65	2.0	2.0	2.0	2.45	1.0	1.0	2.0
2	1.56	1.1	1.1	0.7	0.5	0.7	1.212	0.7	0.7
1	0.87	0.7	0.3	0.3	0.3	0.497	0.28	0.28	0.3

注：操作及点位误差中，含点位不重合、探头高度不准、探杆倾斜等误差。

3. 测区、测网、比例尺

测区范围应保证磁测所发现的磁异常轮廓完整，而且磁异常周围要有一定面积的正常场背景，测区范围应尽可能包括地质情况清楚的已知区。磁测比例尺的确定原则为：测线距应不大于成图比例尺，并保证有一条测线通过最小有意义探测目标体的上方。而测点点距应保证测线上至少有3个连续测点能在既定工作精度上反映异常，当测区内信噪比较低时，可将有效异常范围内的连续测点数增加到6～9个。

以往点线号的设计上常常采用双号编排的方式，现在通常使用测线的总长度/基线的总长度及各测点/测线对应起始点/线号的距离设计测点/测线编号，以方便后期整理。

计测点/测线编号的顺序以向北、向东方向顺序增大的方法设计(即北大东大原则)，而且注意要在起始点线号上留有余地，以便后期工作需要时加点加线(图3-4)。

在讨论和选择确认工作设计后，建议按照表3-3进行总结，以便在工作中参照执行。

作为教学实习和第一次参与磁法野外工作的全过程，应该允许各个实习小组在工作设计的某些技术指标上的差异。同时更提倡在实习结束后，认真对由这些差异引起的探测效果的不同进行分析总结。

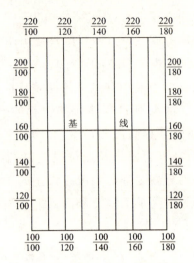

图 3-4 工区测线布置/工作位置图

(图中应该标明方位,如果工区方位为正南北方向,可以省略)

表 3-3 磁测工作设计主要技术要求一览表

工作任务			
测区面积		工作比例尺	
测网密度		测线方位	
精测剖面		测线及方位	
磁测精度设计			
日变观测			
定点方式及要求			
探头高度			
磁测质量检查方式及要求	(平稳场、异常场、畸变点检查)		
磁性参数测试方式及要求			
磁测数据预处理要求			
本组任务与安排			
备注			

第三节 仪器性能测试评价

仪器性能检测标定

1. 仪器的噪声水平检测

质子磁力仪与光泵磁力仪等电子仪器本身具有一定噪声,所以这些磁力仪的读数分辨率尽管等于或优于 0.1nT,但接上电缆和探头后仪器的噪声水平却往往达到 0.2～0.3nT,因此在使用这种仪器进行高精度磁测时,必需测定实际工作时仪器的噪声水平。测定方法如下:

当有 3 台以上的磁力仪同时工作时,可选择一处磁场平稳而又不受人文设施干扰影响的地点,探头间距离相距 5 m 以上,以免探头极化时互相影响,以日变测量模式进行。观测时各台仪器要达到秒一级同步。此时的地磁场变化对这些仪器观测值的影响是同向的。而这些仪器各自的噪声对观测值的影响则是无定向的,而且仪器数量愈多,噪声对这些仪器观测值的平均值的影响将趋于零,就可把此平均值视做地磁场的"真值"。因此可取 100 个左右的观测值按下式计算每台仪器的噪声均方根值 S。

$$S = \sqrt{\frac{\sum_{i=1}^{i=n}(\Delta X_i - \overline{\Delta X_i})^2}{n-1}} \tag{3-1}$$

式中:ΔX_i——第 i 时的观测值 X_i 与起始观测值 X_0 的差值;

$\Delta X_i = X_i - X_0$(所有仪器的起始时间应相同);

$\overline{\Delta X_i}$——这些仪器同一时间观测差值 ΔX_i 的平均值。

n——总观测数,$i = 1, 2 \cdots n$。

当仪器不足 3 台时,可用单台仪器在上述磁场平稳地区作日变连续观测百余次。若读数间隔为 $5''\sim 10''$ 时,则按 7 点滑动取平均值 $\widetilde{X}_i$。

$$\widetilde{X}_i = \frac{1}{7}(X_{i-3} + X_{i-2} + X_{i-1} + X_i + X_{i+1} + X_{i+2} + X_{i+3})$$

若读数间隔为 0.5～1 分钟时,则按 5 点滑动取平均值。

$$\widetilde{X}_i = \frac{1}{5}(X_{i-2} + X_{i-1} + X_i + X_{i+1} + X_{i+2})$$

而后按下式计算仪器的噪声均方根值 S。

$$S = \sqrt{\frac{\sum_{i=1}^{i=n}(X_i - \widetilde{X}_i)^2}{n-1}} \tag{3-2}$$

式中:X_i——第 i 时的观测值,$i = 1, 2 \cdots n$;

$\widetilde{X}_i$——第 i 时滑动平均值;

n——总观测数，$n>100$。

2. 磁力仪观测均方误差与一致性测定

观测均方误差是操作质量、点位误差、探头高度误差、日变改正误差等各种误差的综合反映，它是评价高精度磁法工作质量的主要指标。当对仪器的观测误差与一致性进行测定时，要选择浅层干扰较少且无人文设施干扰影响的地点，并要求测线穿过十余纳特弱磁异常变化地点。在测线上布置 50~100 个测点，测点作好标记，使参与观测的各台磁力仪（含备用磁力仪）都在这些测点上作往返观测，将观测值进行日变改正后按下式计算每台仪器的观测均方误差。

观测均方误差公式：

$$\varepsilon = \pm \sqrt{\frac{\sum_{i=1}^{n} V_i^2}{m-n}} \tag{3-3}$$

式中：V_i——某次观测值（包括参与计算平均值的所有数值）与该点各次观测值平均数之差；

n——检查点数，$i=1,2\cdots n$；

m——总观测次数，等于各检查点上全部观测次数之和。

对于仪器噪声不符合设计书要求的，有明显系统误差的，以及观测均方误差达不到要求的仪器，应查明原因，必须重新进行调节和校验，如仍达不到要求，则应停止使用。

第四节 野外数据采集及质量评价

一、日变观测及校正点

高精度野外数据采集时必须建立地磁场日变化观测站。日变观测站应该选择在磁场平稳、远离人文设施、进出工区交通方便的地方。在日变观测点，仪器探头位置周边半径 0.5m 的空间内，磁场变化应小于所定磁测精度的 1/2。测点位置应以木桩作标记，每次观测时，探头高度应保持一致。

应在投入生产的同类型仪器中挑选内存最大的磁力仪进行日变观测。日变观测的采样间隔应根据磁测精度的等级选择，一般在 10~30s 之间选择。

在进行日变观测期间要注意对磁力仪的保护，要把磁力仪主机放在能避风遮雨、防止阳光曝晒的容器内；要专人在日变观测站守护，防止他人靠近仪器探头，影响日变观测质量。

在一个工作日内，日变观测应始于早校正点观测之前，终于晚校正点观测之后。

在日变观测点 10m 以外的磁场平稳处应设立校正点，并以木桩作标记。用于测区观测的磁力仪在一个工作日的开始前和结束后，必须在校正点测量读数，并以日变校正后的工作前、后两次校正点场值之差评定该仪器全天的工作质量。如果两次校正点场值之差大于 2 倍的磁测工作精度，则该仪器全天的测量数据作废。

二、测点定位

定点方法应根据工作任务、工区地形和以往测地工作程度等具体条件确定，对中小比例尺磁测工作，宜利用较工作比例尺大一级或同级的合格地形图定点，或采用航片定点等新技术以提高效率。所定点位的最大平面误差值，在按工作比例尺作的图上必须不大于 2.0mm。

对等于或大于 1：10 000 万的磁测工作，应采用仪器敷设基线，并在此基础上逐点或隔点测定测点（全仪器法），或敷设控制点网（半仪器法）。所定点位的最大平面误差值，在按工作比例尺所作的图上必须不大于 2.5mm（在通视条件极差的地区，在不影响完成地质任务的前提下，可适当放宽）。按式（3-4）计算的相邻点距离的相对误差值须不大于 25%。

$$\frac{相邻点距离}{的相对误差} = \frac{|相邻点间的检查距离 - 该相邻点间的测定距离|}{该相邻点间的测定距离} \times 100\% \tag{3-4}$$

三、磁测质量检查评价

工作时，使用同一测点磁场重复观测的均方误差为衡量磁测精度的标准。重复观测均方误差的计算见式（3-5）和式（3-6）。

$$\varepsilon = \pm \sqrt{\frac{\sum_{i=1}^{n} \delta_i^2}{2n}} \tag{3-5}$$

式中：δ_i——第 i 点经各项改正的原始观测与检查观测值之差；
n——总检查总数；$i = 1, 2 \cdots n$。

式（3-5）用于计算平稳场区的质量检查计算。

$$\eta = \frac{1}{n} \sum_{i=1}^{n} n_i \tag{3-6}$$

式中：$\eta_i = \frac{|T_{i2} - T_{i1}|}{|T_{i2} + T_{i1}|} \times 100\%$，$T_{i1}$ 与 T_{i2} 为第 i 点的原始观测与检查观测值。

式（3-6）用于异常场区专门剖面测量的质量检查的计算。

施工时必须保证质量检测的工作量，要求平稳场区的质量检查点数要大于总测点数的 3%，绝对点数不得少于 30 个点。异常场专门剖面质量检查点数应达到异常区测点的 10%，绝对点数不得少于 30 个点。

磁测的质量检测评价以平稳场的检查为主。检查观测应贯穿于野外施工的全过程。检查观测点应在全测区均匀分布。

磁测质量检查观测应做到不同的测量人员、在不同的时间、使用不同的仪器对同一点位进行重复测量；使用电子磁力仪工作时，还应该注意同探头高度。

应该特别提醒的是：在磁力仪观测精度要求大大提高的今天，原始观测和重复检查观测的点位是否重合，是决定磁测观测质量的关键因素。

四、探头高度选择原则

磁力仪配备的探头高度为 0.5~2.0m，可视地表磁性的均匀及干扰程度和找寻目标体的大小及埋藏深度的估算来确定仪器探头探杆的高度。在地质调查和磁性矿产勘察时，使用 2m 高度比较方便。在工程物探或者考古物探调查时，由于探测目标的规模相对较小，磁性一般比较弱，这时，只要地表磁性相对均匀且干扰小，应尽量降低探头高度，以获取最明显的磁异常及其分布细节。

五、现场记录

1. 现场记录的必要性

工程物探的施工场地常常位于和靠近人文设施。因此电磁场的干扰源比较多而复杂，加之要求探测的目标体积过小时，则会使有意义的异常淹没在干扰影响中。为提高资料解释的可靠性，在磁测时应该对可能引起磁场变化的可见的干扰物，如岩体出露、陡坡、电线、建筑等进行记录，以帮助室内资料解释时对磁异常场源性质的分析和正确识别。

2. 现场记录的内容

原则上应该将测点及其附近的地形变化（特别是陡坡）、人文建筑、通讯、电力线的走向及距离等记录在专用本上；在磁测数据发生突然变化的测点，经反复观测确认数据可靠时，应尽量找出测点附近的干扰场源的性质和位置，并作好记录。

第五节 资料整理、数据处理与图件绘制

一、原始数据的预处理

原始磁测资料在正式使用前，应该进行日变校正，正常梯度校正（经、纬度校正），高度校正，正常场校正，即预处理工作。

对应大区域性的磁法测量，测区南北之间存在较大的正常梯度差异，在高精度磁测精度的等级下，应该进行正常梯度校正（经、纬度校正）。其校正的计算方式可参见教科书和工作规范。在工区范围不大的情况下，可以免去这一工作。

根据规范要求，只要地形高程变化小于 11m（Ⅰ级精度）、29m（Ⅱ级精度）、41m（Ⅲ级精度），就可以不作高度校正。

日变校正必定要作。通过仪器供应厂商提供的专用软件可以很方便地完成。

使用质子磁力仪测量获得的是地磁总场（T），经过正常场（背景场）校正后就为磁异常（ΔTa）的反映。一个工区的正常场（背景场）场值大小（T_0）可以通过实测一条长剖面来选定。一单工区的正常场（背景场）确定后，在原始数据的预处理的过程中不要改变。

二、图件绘制

图像可以比较明显地表示磁测工作成效，磁测工作中主要有下列两类图件。

一类是说明工作情况和成果的主要图件，包括：①交通位置图；②实际材料图；③磁场剖面平面图；④磁场平面等值线分布图；⑤推断成果图（推断平面图及推断剖面图）。

另一类是原始曲线图及其他辅助图件，包括：①日变曲线及其表示仪器性能的原始曲线图；②表示观测质量的图件：质量检查对比曲线图及观测误差分布图等；③岩石磁性参数统计图件。

各类图件的要求简述如下：

(1) 交通位置图。比例尺要适当选择，保证图内至少要有一个县级以上的城镇以及重要水系和交通线。图中要表示出测区位置。

(2) 实际材料图。要以本项目工作的实际材料为主要内容，包括：①各种比例尺工作的测区范围及基线，控制线或测线，专门剖面线的位置，点线号（适当标注）；控制联测点及联测关系；各种固定标志埋设点等；②地磁场日变观测站位置、编号；磁测质量检查线段；磁性标本采集点位及编号。

(3) 磁场剖面平面图。面积性工作需要编绘此图。其要求是：①表示线距和点距的比例尺应一致；②磁场参数比例尺要根据磁测精度和异常强度等因素确定，以能满足反映有意义的弱异常和低缓异常的需要为前提。当图幅内局部地段的磁场曲线因参数比例尺较大而重叠过多，异常又有特殊意义时，可以将此局部地段缩小参数比例尺绘成角图，但其范围需加框说明。

(4) 磁场平面等值线分布图。面积性工作必须编绘此图。具体要求为：①用于绘图的数据可据需要进行滤处理以消除高频干扰与畸变点的影响，也可用原始数据绘图；②要在仔细分析地质和磁场特征的基础上，恰当选择等值线的数值与等值线的间隔。为能最清晰地反映地质现象与磁场间的对应关系，等值线之间不必是等差间隔的，但其最小差值必须大于或等于总均方差的 2.5 倍，并适当凑整。当数据有正、负值时，必须绘出零值线；③用电子计算机绘制磁场等值线底图时，要注意消除突变点对等值线的歪曲并校正边界效应，同时结合地质、构造及矿产等情况，对等值线作必要的手工修匀。

(5) 其他各种磁参量等值线平面图。面积性磁测工作一般尚需绘制磁场化极异常等值线平面图，以及为突出弱异常而作专项处理得出的各种局部磁异常等值线平面图。

(6) 推断成果图。①推断平面图以磁参量等值线平面图为底图，推断剖面图以磁参量剖面图为底图，内容均可适当简化；②要尽可能把推断结果图示出来。推断的前提、方法、结果和可能的变化范围等，要列表或在图角扼要说明；③推断剖面图上要绘出磁性参数资料,拟合磁参量曲线以及剩余磁异常曲线等;④要有选择地绘出其他物化探方法的资料和解释推断成果;⑤要表示出建议的地质和物化探工作范围,以及建议的异常查证工程;⑥对于实测与推断的内容,已完成的与建议的工作范围或探矿工程等,应加以区分;⑦各种推断图件与综合信息成矿预测图件的编制,种类繁多,可据需要加以编制。

由于磁异常的分布特征与磁化方向关系密切,因此,磁场平面图及剖面图等相关图件中,必须标明方位或者测线方向。

(7)图件绘制格式要求。不同的行业对物探测量绘制的原始图件和转换处理、解释、成果图件的规定和要求不尽一致,此次仅就教学实习要求,按照规范规定,介绍主要的成图要求和规定,以便统一实习报告的图件格式。

实习时主要绘制磁异常剖面图和平面等值线图。制图的比例尺要等于或小于实际工作比例尺。

绘制磁异常剖面图选择场强比例尺时,一般将实际磁测精度误差控制在1mm以内,根据测区磁异常变化幅值确定场强比例尺。1cm最好为场强的整数值,同时要兼顾到不要让某条曲线穿越3条测线。

绘制磁异常平面等值线图可以使用绘图软件绘制,应该注意等值线间隔的选择,以清晰表现出磁异常的特征为标准。

图件整体格式要求见图3-5。

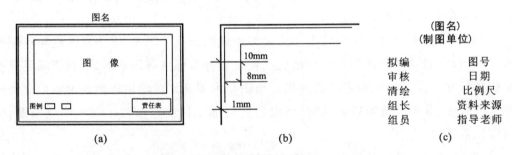

图3-5 磁法图件整体格式要求示意图
(a)图件的整体安排;(b)图框要求;(c)责任表格式

第六节 数据资料分析及初步解释

一、磁异常的转换处理

根据磁异常的物理特征,对实测磁异常进行必要的数理处理,称之为异常的处理和转换,这样,可以使所得原始资料满足磁异常解释理论所要求的假设条件;可以满足对磁异常解释推断方法的要求;可以突出有意义磁异常的信息,有利于对磁异常的认识。具体的转换处理内容和方法见相关专业书。

但必须注意的是:对实测磁异常的转换处理,应该根据地质情况、异常特征和工作目的而选择某种或某几种处理内容,不必使用全部处理内容和方法;其次,磁异常的处理和转换只能使包含在原始观测资料中的某些信息更加突出和明显,而不能提供原本不存在于原始资料中的信息。

二、磁测资料的解释过程

一般过程为:磁测资料的预处理和预分析;磁异常的定性解释;磁异常的定量解释;给出地质结论和成果图示。在对磁测资料的解释工作中,应该充分了解地质以及已知的资料。在反复推敲和仔细分析的过程中对磁异常场源的形状、产状和埋深进行大致判断,确定磁异常的场源性质后,再对有意义的异常进行定量解释,以提供场源的位置、规模和埋深等参数。

物探工作是一项调查研究性很强的工作,是不断实践、认识、不断提高的过程。最终的地质解释结论是否符合客观实际,需要从工作之初就开始注意,要认真分析、筛选、积累资料,经过地质、钻探、山地工程验证后,还需要结合验证结果再认识、再分析,深化认识,积累经验。

第七节 磁法实习报告编写

磁法实习结束时,参与实习的学生必须每人提交一份实习报告。

对实习报告的总体要求是:条理清晰、章节安排合理、重点突出、内容丰富;概念清楚、立论有据、结论正确、建议合理;文字简洁、书写工整;图件规范、完整、清晰、美观;插图及附图要有图号及图名。

建议《磁法勘探实习报告》编写提纲如下:

第一章 序言
    1. 实习日期、地点、测区自然交通条件
    2. 测区地质及地球物理概况
    3. 实习任务完成情况

第二章 磁法勘探野外施工技术设计
    1. 实习的地质任务及要求
    2. 磁测工作技术设计
    3. 磁测工作质量保障措施

第三章 磁法勘探数据采集质量检查及评价
    1. 施工仪器性能的检查及评价
    2. 野外数据采集质量检查及评价

第四章 UXO探测及资料处理解释
    1. UXO磁测数据的整理及图件编制

2. UXO 磁测资料的转换处理

  3. UXO 磁异常的分析及认识

第五章　辉绿岩体地质调查及资料处理解释

  1. 工区野外数据的整理及图示

  2. 工区磁测资料的转换处理

  3. 磁异常的分析及地质解释

第六章　结论与建议

  实习的收获、体会与对以后教学实习的建议

在实际工作中,当磁测任务完成后,应向上级资料管理部门提交经过检查验收合格的原始资料与经过评审的成果报告和图件。提交的原始资料,其内容必须完整;提交的成果图件中,除报告附图外,还应包括各种底图;提交的成果报告须按资料档案要求复制上报,对报告底稿亦应归档保存。

附件 GSM-19T 质子旋进式磁力仪操作手册

1. 仪器连接：注意传感器的定向，凹槽直立。

2. 开关仪器：开机－按 B 键；关机－同时按 O、F 键，关闭电源。在任何时间下同时按下 1 和 C 键，屏幕上则会以字母或数字形式显示出所要选择的各种功能(菜单)。

3. 参数选择：开机后屏幕显示主菜单：

SCREEN 1

```
A - survey        B - diurn. cor
                                      F - GPS
C - info    OF - off     D - test
                                      15   II
         00
E - time - synch    1 - send      TU
                                      01:04:15
45 - erase     2 - enter text
                                      13.2V
```

从主菜单上，可以看到如下菜单：
A—调查菜单(Survey Menu)； B—日校正菜单(Diurnal correction)(暂时无功能)；
C—资料菜单(Info Menu)； D—测试(Test)(对仪器功能，按键功能等测试)；
E—时间同步(Time Synchronization)(暂时无功能)；1—数据传输(Data Transfer)；
F—GPS 选择(GPS option)(暂时无功能)；2—文本模式(Text Mode)(作用不大，不选)；
45—数据删除(Data Erasing)(只删除观察数据，保留设置)。

根据需要，按键进入所选择下级菜单，如按下 A 键，进入调查菜单，屏幕显示：

SCREEN 2

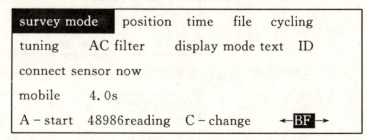

屏幕中：
survey mode—测量模式设置；position—(点线号设置)；cycling—(循环、采样时间设置)；time—(时间设置)；file—(文件名设置)；tuning —(调谐场、背景场设置)；
AC filter —(50、60Hz 陷波设置,选择 No)；display mode— 测量结果显示模式(数

字、曲线);text—文本说明;ID—地址说明/操作员号设置。

使用←BF→左右移动光标,到位后按 C 键(change)选定/改变,然后进行设置。

调查方式设置:在菜单中选定(光标移动到,下同)调查菜单(survey mode)。按下 C 键选择,想要应用的调查方式被显示如下:

SCREEN 3
```
A – mobile        B – base        C – grad
D – walkmag       E – walkgrad
```

根据工作要求进行选择:

A—移动方式(点测,野外常用方式);B—基站方式(日变观察);C—梯度方式(暂无此功能);D—步行(移动中测量,暂无);E—步行梯度(暂无)。

(注:不同型号仪器显示有差异,下同。)

当选定一种方式后,返回 SCREEN 2,进行其他项设置。

位置/点线号设置:在菜单中选定(position)。按下 C 键,屏幕显示为:

SCREEN 4

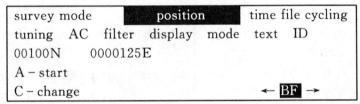

屏幕显示的点线号(00100N 0000125E)是上次的设定位置或是空缺。要进行重新设置,按 C 键,屏幕显示按照 X/Y 坐标的方式设置(如 SCREEN 5)和按照线号方式设置(如 SCREEN 6)两种。按 C 键进行切换选择。

SCREEN 5
```
select  positioning  system
XY
each:
        -9999999        to  +9999999
or      -9999999.99     to  +9999999.99
F – ok      C – change
```

现在一般按测线、测点的方式进行,不选择 X/Y 坐标模式,故按 C 键切换到屏幕 6:

SCREEN 6

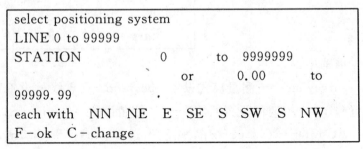

按 F 键选定,然后选择按照点线号方式测量设置。屏幕显示:线号设置(屏幕7)。

SCREEN 7

```
LINE 00100 N                    F - OK
Change   A - number   B - coordinates
EOL   INCREMENT    +00100
change   C - sign   D - number
LINE INCREMENT    +00000
Change   E - sign   0 - number
```

A—改变线号;B—改变测线的方向(N,NE,E,SE,S,SW,W,NW);C—线号变化符号,用+/−号表示下一条测线号大小的变化;D—线号增量;E—改变线尾增加的标记(忽略);0—线增加(忽略)。

当你按下 A 改变线号,显示如下:

SCREEN 8

```


       E - enter              C - clear


```

这里你能键入 0~9 数字表示线号,这时, A 键作为小数点用,如果测线号输错,用 C 键清除后重新输入。确认按 E 键保存。

按 B 键选择测线方位。注意,要在某些键盘下的蓝色字母中选择。选择后屏幕返回 SCREEN 7,进行线增量设置。改线增量符号,按 C 键变化+/−号进行选择和线增量(按 D 后进行)。

LINE INCREMENT 设置为 0,不要变化。

按 F 键,进行测点设置,设置方式同线号设置。(注意:基站/日变观察方式不设置。)

SCREEN 9

```
STATION 012345.50         E
Change   A - number   B - coordinates
STATION   INCREMENT    +00012.25
change   C - sign   D - number

F - OK
```

测线测点的编排是按照北大东大的规定进行。因此要注意测线、测点的增量符号+/−选择。

设置好后按 F 键返回 SCREEN 4,进行其他参数设置。

时间设置:移动光标到 time 并选定,进行时间设置,屏幕显示为:

SCREEN 10

```
W yy mm dd hh mm ss

c – clear
```

现在键入日期和时间,假如有错,再按下 C 进行改正。时间输入按下面规定进行。

W-星期几;1-星期一;7-星期日;YY-年;MM-月;DD-日;HH-小时(24 小时制); MM-分钟;SS-秒。

当所有数字键入之后,屏幕显示:

SCREEN 11

```
6070728093000

F – start – clock
```

按 F 键,你就确定了开始的时间。几台仪器进行同一项工作,时间应该统一,这时在设置统一的时间后,同时按 F 键开始计时。

文件名设置:在调查菜单中,移动光标到 file 并选定,进行文件名设置,屏幕显示为:

SCREEN 12

```
survey mode    position     file    cycling
time
tuning AC filter display mode text ID
01 surver. m
A – start
C – change                              ← BF →
```

按 C 键,可以写入/改变文件名。

写入/改变文件名时,使用键盘上的红字母,如果需要某键上的第二或第三个字母,按下相应的键 2 次或 3 次。每次输完一个字母按 F 键下移,设置完后,按 E 键返回。

在磁力仪中你能存贮 50 个文件,文件格式为 01 survey.m,但操作员只能改变数字和扩展名中间的 6 个字母。文件扩展名的移动模式为.m,基站模式为.b。

测量/循环时间设置:在调查菜单中,移动光标到 cycling 并选定,进行文件名设置。

SCREEN 13

```
survey mode   position   time   file   cycling
tuning   AC filter   display mode   text ID
0003.0 sec cycling
A – start         C – D+              ← BF →
```

按 D 键增加/C 键减少循环时间,一次 1 秒。最小为 3 秒。

在移动等模式下 GSM-19T 不能自动循环测量,你必须压下按钮取得每次读数。上述循环时间表示最大的等待时间,使其能保证测点与基站同步读数。当仪器设置为立即启动,这意味着在调查模式中按下任何一个键,开始直接读数。这时测点和基站测量时间不对应。

磁力仪调谐场/背景场设定:移动光标到 tuning,按 C 键开始设置,屏幕显示为:

SCREEN 14

```
survey    mode    position    time    file
cycling           tuning      AC filter
display mode      text        ID
initialize  N                 auto-tune Y
055
A-start           C-change              ← BF →
```

C 键可以进行如下 3 个参数设置:

(1)初始调谐;(2)自动调谐;(3)按 μT 为单位输入调谐场背景值。

按下 C 键,可见如下屏幕:

SCREEN 15

```
tune initialize      yes


F-ok      C-change
```

按 C 键选择初始调谐是(yes)或是(no),考虑到一些原因,一般选择(no)。然后按下 F 键,选择测点测量自动调谐(auto-tune)。屏幕显示:

SCREEN 16

```
auto-tune          yes


F-ok      C-change
```

按 C 键在 yes/no 中选择(yes),按 F 后键屏幕显示如下:

SCREEN 17

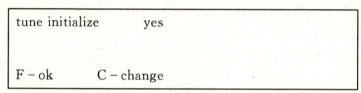

```
                  48
tuning   19—131   micro T
F-ok     C-change-number
```

键入工区背景场强度(μT 为单位)。输错按 C 键改正。确认后,按 F 键后退回调查菜单。

交流滤波器设置:在调查菜单中,移动光标到 AC filter 并选定,屏幕显示为:

SCREEN 18

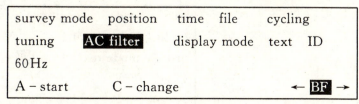

```
survey mode   position   time   file   cycling
tuning        AC filter  display mode   text  ID
60Hz
A-start       C-change                  ← BF →
```

用 C 键在 60Hz 和 50Hz 触发或 no 三档中选定。建议选择 no。确定后用 F 键下移。

显示方式(display mode)设置：在调查菜单中，动光标到 display mode，按 C 键开始设置。用 C 键在文本(text)或图形(graph)两个之间选择。

SCREEN 19

```
text
display - mode
F - ok    C - change
```

如果你选择了文本方式(text)，测量结果显示为数字。

SCREEN 20

```
graph
no text
display - mode

F - ok    C - change
```

如果你选择了图形方式(graph)，测量结果显示为曲线。这时，图形与场值同时显示，见如下屏幕：

SCREEN 21

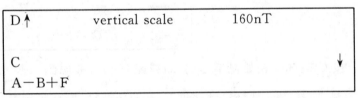

用 A− 或 B+ 选择垂直刻度，用 D 或 C 调整液晶点的垂直偏移(保持快速压下，连续起作用)，以保证曲线在屏幕中全部显示。

显示方式选定后按 F 键确认。

文本设置：在调查菜单中，移动光标到 text(文本)并选定。屏幕显示如下：

SCREEN 22

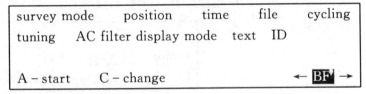

按下 C 键，允许写入一个文本(注释或短语)。

磁力仪的 ID(识别号、操作员号)设置：在调查菜单中，移动光标到 ID 并选定。屏幕显示如下：

SCREEN 23

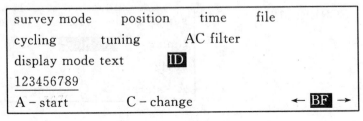

按下 C 键允许改变这个仪器的识别号,在测量数据回放时,这个值在文件头显示。ID 最大允许 9 个数字,用于识别操作员或与当前文件与设备相关的附加信息。

野外测量:所有参数设置好后,只要压下 A (A - start),就可以进行测量。测量后,显示如下:

SCREEN 24

```
56,789.34 nT          12.34    nT          99
A - menu        1 - repeat (same position)
                    other keys - read
              L 100 N           S 200 E
```

这里,第一个数(56,789.34)是总的磁场强度;第二个数(12.34)是与前一次读数的差;第三个数(99)是信号的质量,99 最大,质量最好;最后一行是线号和站号(或 X/Y 坐标)。

工作时,按下任何键,都执行读数(A 键除外,A 键是返回到菜单),而且点号自动增加。

如果你需要在某测点重复测量,则按 1 键,点线号不会变化。测量后,场值自动保存。

工作结束,停止测量或退出测量,请按 A 键。屏幕显示为:

SCREEN 25

```
A - position      B - enter text      C - tune
4 - graph vertical scale      5 - display - mode
1 - info         0 - noise
E - EOL
F - ok
```

菜单中的一些参数说明:

A - 位置——让你设置坐标在屏幕上的位置。注:你只能改变坐标,不能改变系统。

B - 进入文本——允许你记下信息和注释,以便最后用 SEND(输出菜单)恢复。

C - 调谐——进入调谐设置屏幕。

4 - 图形——如果选择了图形模式,它允许改变图形的标尺和偏移。

5 - 显示模式——让你选择显示模式。

E - EOL——改变线号。点号自动变化。

F - OK——返回到调查。

0 - 噪音——显示传感器噪音,噪音标准值应≤100。

1 - 信息——很有用地提供了关于最后读数,例如信噪比测量时间(ms),也可显示存贮器的读数。

注意:一条测线测量结束,要返回调查菜单,重新在 position 中改变线号。此时,如果新测线测量方向与测量后的测线方向相反,应改变测线、测点增量的符号。

数据组织和传输：

在如下情况下，新的文件是自动建立的。

(1)你选择一个新的调查模式并做完了最后一次读数；

(2)当前的文件运行进入了新的一天(跨午夜)；

(3)你停止了并重新启动一个基站。

文件和目录：GSM-19 的目录功能用于显示磁力仪中的所有文件。

要选取这个功能，在主菜单中，压下 C 键(c-info)，然后按 D 键(D-dir)。文件名显示在屏幕左方，这个文件读取的数值在右方。

快速的按下 F 键，浏览下一个文件。如果你一直压住 F 键，你可以看到全部的内容。

数据传输设置：在主菜单时，按下 C 键，屏幕显示为：

SCREEN 27

```
F - time          B - RS232        D - dir
C - review
A - remote        0 - datum        E - channel
2 - buzzer        3 - info
```

压下 B 键，进入 RS-232 设置的 SEND(数据转贮)功能(SCREEN 28)。

SCREEN 28

```
RS - 232          9600 bps         [send]

8  data bits
1  stop bit
no parity
F - ok            C - change
```

如果显示的传输速率/波特率与回放程序中的相同，按下 F 选择正确。如果不一致，按 C 键进行选择，必须保持一致。

SCREEN 29

```
50    110    300    600    1200   24000  48000
9600         14400  19200  28800         38400
57600        152000

A - select                                ← BF →
```

用 B、F 键移动光标到你选择的速率，压下 A 键存贮你的选择，屏幕又返回到 28。

按下 F 引导你选择 RS-232 的实时传输(RTT)参数(SCREEN 30)。

SCREEN 30

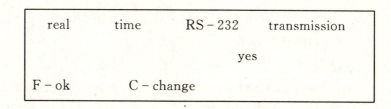

按C键选择"是"或"不是"。如果你不想实时传输,则选"不是",并按F返回到 Info 菜单,然后再同时按1、C键返回到主菜单。若选择"是"并按F,屏幕显示实时传输设置(RTT),按下A存贮你的选择(SCREEN 31)。如果完成了按F回到 info 菜单,再按1+C返回到主菜单。

SCREEN 31

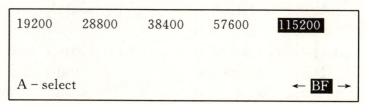

数据传输设置已经确定,仪器自动保存。

数据传输:
(1)使用配套的数据传输线连接仪器主机和计算机;
(2)然后,在主菜单时按下1(1-send)传输测量数据到计算机中;
(3)如果在存贮中大于1个文件,将提示你选择文件,否则将自动运行到 SCREEN 71 或有些情况直接进行数据传输;

SCREEN 70

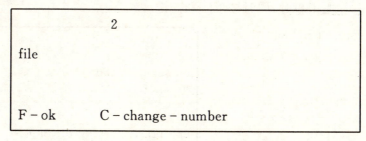

(4)选择你要传输的文件(按下 C 改变数并键入文件号),并按下F键。

SCREEN 71

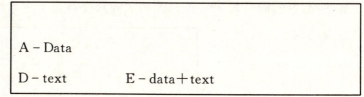

A-Data——传输时间,坐标,原始场和校正场(如果做了日校正);

D-text——仅传输文本注释,可以在调查时记录。

数据传输的格式如下:

格式一:

```
Gem Systems GSM-19TW
1031078 v6.0 22 IV 2002
ID 0 file 03 demo.wm 24 IV 02
00040N    0000001 N
132055.0  48101.68 99
132056.0  48101.69 99
132057.0  48101.67 99
132058.0  48101.67 99
132059.0  48101.68 99
132100.0  48101.68 99
00040N    0000002 N
132101.0  48101.68 99
132102.0  48101.68 99
132103.0  48101.68 99
132104.0  48101.69 99
132105.0  48101.69 99
00040N    0000003 N
```

格式二:

```
Gem Systems GSM-19TW 1031078
v6.0 22 IV 2002
ID 0 file 03 demo.m 24 IV 02
00040N  0000001.0N  48101.68 99
00040N  0000001.1N  48101.69 99
00040N  0000001.3N  48101.67 99
00040N  0000001.5N  48101.67 99
00040N  0000001.6N  48101.68 99
00040N  0000001.8N  48101.68 99
00040N  0000002.0N  48101.68 99
00040N  0000002.2N  48101.68 99
00040N  0000002.4N  48101.68 99
00040N  0000002.6N  48101.69 99
00040N  0000002.8N  48101.69 99
00040N  0000003.0N  48101.69 99
00040N  0000003.2N  48101.69 99
00040N  0000003.4N  48101.69 99
```

清除内存:GSM-19 磁力仪内存一旦清除,数据绝对不能再恢复。因此,内存清除前必须确认数据已经回放。

在主菜单时,同时按下 4 和 5 键。

SCREEN 86

```
erase       data?


er-erase    n-NO
```

如果你选择不清除,压 n-No(按 6 键)后系统返回到主菜单。

要清除数据,同时按下 e 和 r(3 和 7 键),仪器显示清除存贮的百分比。

SCREEN 87

```
            please wait


       010% of memory erased
```

当100%清除完后按 F 键结束。

启动系统测试程序(以 ROM 为例)

在主菜单中,按下 D-test,屏幕显示如下:

SCREEN 88

```
A - memory          B - keys
C - display         D - rom
E - ext - trigger   F - buzzer


          V7.0   9   IV   2007
```

A-memory——进行 RAM 测试,之后按 F 返回测试菜单。

B-keys——测试键盘的每个键,然后同时按 1 、 C 返回到主菜单。

C-display——根据不同的图形,测试 LCD 上所有的点。按 F 检查发现 LCD 的问题,然后返回到测试菜单。

D-rom——进行 ROM 测试,在测试期间,ROM 中存在的数据总和与 EPROM 中存贮的数据进行比较。

F-buzzer——测试内部扬声器能否提供周期性的声音,然后按 F 返回到测试菜单。

如按下 D 键,屏幕显示如下:

SCREEN 89

```
        00B8C6E1=00B8C6E1



F
```

等号两边的数应当一样,左边的数是存贮在 EPROM 中的总和,右边的数是记数的总和。这是一个例子,每个仪器都有自己的总和数。

第四章　电法勘探教学实习

第一节　电法勘探教学实习大纲

一、实习目的与要求

1. 实习目的

通过实习将所学的电法理论与实际工作相结合,巩固和加深对课堂理论知识的理解,掌握电法勘探野外工作的各个环节,其中包括工作设计、电法仪器操作、数据采集、资料整理、资料处理和反演、地质解释及报告编写等。初步进行野外工作的基本训练,培养学生刻苦求实的工作作风和实际动手能力,以及综合分析与解决实际问题的能力,并使学生的组织生产和管理生产的能力得到初步的训练。

2. 基本要求

(1)学会熟练地使用和维护电法仪器和设备。以实习小组为单位,完成工区一部分物理点的测量工作,培养学生实际操作技能。

(2)学习和掌握多种电法分支方法的野外基本工作方法和技术,并能处理野外出现的一般故障问题。

(3)结合实际工区的资料,初步了解电法工作设计的原则和方法。

(4)学习并掌握电法野外资料的一般整理、处理和反演、图示方法。

(5)根据工区实际地质条件和实测的物探资料,编写实习报告,初步掌握物探资料解释方法和电法成果报告的编写方法,培养学生综合分析和表达能力。

二、实习内容

(1)了解工区地质、岩石的电性及地球物理概况。

(2)掌握电法工作设计书的编写原则和实习工区设计书编写。

(3)熟悉常规电法仪器和装备的工作原理、性能,仪器操作及测量技术。

(4)掌握野外施工中所用电法各分支方法的工作方法和技术问题(如测站的布置、导线的敷设、电极的埋置等)。

(5)掌握保证工作精度的措施和观测数据的质量评价方法。

(6)掌握电法资料的整理、处理及图示方法。

(7)学会电法资料的反演与解释。

(8)掌握编写电法成果报告的原则和方法。

三、实习日程安排(表 4-1)

表 4-1 电法勘探教学实习内容及时间安排

时间		内容
第一天	上午	实习队介绍测区地球物理条件与实习总体安排
	下午	讲课:电法工作方法与电法仪器装备,检查仪器装备
第二天	上午	工区偶极—偶极剖面测量
	下午	整理测量资料
第三天	上午	工区偶极—偶极剖面和联合剖面法测量
	下午	整理测量资料
第四天	上午	工区电测深法测量
	下午	整理测量资料
第五天	上午	讲课:资料整理与解释
	下午	资料的处理与反演
第六天	上午	资料的处理与反演
	下午	整理电法资料
第七天	全天	机动

第二节 电法勘探的工作设计

电法勘探在解决实际问题的工作过程中,大体上分为工作设计、野外施工、资料的整理与处理解释和成果报告的编写等阶段。为了保证以上各项工作的顺利进行,必须对各阶段的工作部署有明确的要求和规定,这些规定的有机汇总就是通常所说的电法勘探工作设计书。

设计书是根据工作任务,在充分调查和研究的基础上,根据现行的规范或规定,由基层单位负责人或技术负责人组织编写而成。

一、编写设计书的准备工作和编写原则

1. 资料的收集与分析利用

在编写设计之前要广泛收集、深入研究施工区及邻区的有关地质、水文、交通、物探、化探、钻井、测绘等方面的资料(包括各种图件)。

2. 实地踏勘

主要了解测区范围的地形、地貌、交通情况、测线及测点的布置、测区的工作条件与干扰情况等。

3. 试验工作

(1)方法有效性试验:选择最合适的方法。
(2)技术试验:确定最佳技术方案和精度要求。

4. 编写原则

(1)设计书要简明扼要、结构严谨。
(2)各种物探的方法、测线的布置应尽可能互相重合,以利于成果资料的互相对比、验证和综合利用。
(3)方法的选用和指标、措施规定,应考虑地质效果和经济效益。
(4)合理安排方法、施工力量、施工进度,以保证如期完成任务。
(5)要充分安排试验工作和异常现场检查研究工作。
(6)设计书的修改与补充。

二、设计书的主要内容

1. 概况

说明工区的交通位置、范围、面积、经济、气象等情况,前人的工作程度及质量;本次工作目的、地质任务、设计的总工作量、工作期限、提交成果报告的时间等。

2. 工区地质、地球物理和地球化学特点

阐述工区的地层、构造、岩浆活动情况和地球物理和地球化学场特征,作为分析提出物探工作方法的依据。

3. 工作方法与技术

本部分是设计书的核心内容,除正常的施工方法与技术外,还包括必要的异常检查研究工作。

工作方法与技术大体包括以下工作内容:采用的工作方法及依据,使用的仪器装备,具体的技术、经济指标,测网的布置与依据,工作量及质量要求,定点定线的测量工作等。

4. 资料整理、处理解释及成果报告的要求

说明资料整理、处理解释方法、技术要求;提交成果图件和提交报告的预计时间等。

5. 完成设计任务的措施

包括施工的组织形式、生产技术管理措施、质量保证措施及工作安排等。

6. 设计书附图

它给出直观的概念,是设计书的重要部分。附图包括小比例尺交通位置图;地形、地

质及电法工作布置图;本区或区域性地质、物性综合柱状图;具有代表性的本区以往所做的物探、钻探、化探成果图件。

三、测网布置

测网是覆盖工作测区的测线的总称,包括测线方向、测线距、测点距等。

1. 测区范围的确定原则

(1)测区范围应包括整个被探测地质体可能赋存的地段,并应向外扩延至能使所反映的异常有足够的背景场相衬托。

(2)追索性工作的测区范围应包括全部或部分已知地质体,以便能运用已知地段的资料来对比未知区;在前人工作的基础上扩大测区范围时,应在测区边缘重复部分测线,以便于成果的联系与利用。

(3)在其他物化探成果基础上布置更大比例尺工作时,应充分利用已知资料来考虑测区的实际范围,并应该尽可能包括与研究目的有关系的岩矿露头和探矿工程。

(4)确定测区范围还要考虑地形、地貌,并应兼顾施工方便,力求资料完整和测区边界大体规则。

2. 测线方向的确定原则

(1)测线(或剖面)应尽量垂直于被探测对象的走向,并应尽可能避免或减小地形影响和其他干扰因素的影响。

(2)测线或剖面还应尽量与测区中的地质勘探线、典型地质剖面相结合。

(3)当探测对象的走向变化复杂以至于测线方向无法随之变化时,可以垂直其平均走向布置测线,并按实际需要加密;当发现有意义地质体的走向与测线交角过小以至于影响解释推断和地质效果时,必须以实际资料来说明其影响程度,并垂直于有意义地质体走向另行布置补充剖面。

(4)当工作过程中发现电测主体异常走向与测网基线交角过大,以至影响推断解释和地质效果时,应放稀测网并改为控制剖面观测。在充分了解待测地段异常走向变化的复杂程度之后,可酌情改变测线方向。

(5)对于某些特定情况,还应设计纵剖面测量。

3. 电剖面法工作的测网形式

电剖面法工作的测网形式取决于探测对象的分布范围和平面分布形态。测网密度则应该根据地质目的、工作性质、探测对象规模、探测对象的空间位置,以及所采用的装置形式等因素确定。一般情况下可按表4-2中的规定布置。

4. 电测深法工作的比例尺和测网密度

电测深工作比例尺和测网密度应根据地质任务及测区地电断面的复杂程度等具体条件综合考虑,既要保证地质效果又要考虑经济效益。如电测深工作是为了寻找某些地质

表4-2　电剖面法工作的测网布置

工作方法 \ 工作性质 \ 穿过异常测线、测点数	普查		详查	
	测线数	每条测线上的测点数	测线数	每条测线上的测点数
对称四极剖面法	1~2	3~5	3~5	5~10
偶极、联合剖面法	1~2	6~10	3~5	10~16
中间梯度法	1~2	3~5	4	5~10

体或地质构造,则所设计的测网密度应能保证平面分布最小的探测对象至少在两个相邻测深点上有清晰的反映;必须考虑探测对象埋深对探测结果详细程度的限制,相邻电测深点的最小距离不得小于主要探测对象埋深的半值或所设计的最大测量电极距的半值。当为了探测较深的对象,但又必须详细了解其他浅部探测对象时,只允许按上述原则在较疏的大电极距测网中用小极距电测深点加密。

电测深工作的比例尺和密度的关系,应视工作地区地质及地球物理条件的复杂程度决定。面积性电测深工作的常用比例尺和密度的关系列于表4-3。

表4-3　面积性电测深工作的常用比例尺和测网的关系

比例尺	测线间距	沿测线的点距	测点数/km²
1:100万	10~40km	10~20km	1/800~1/100
1:50万	5~20km	5~10km	1/200~1/25
1:20万	2~8km	2~4km	1/32~1/4
1:10万	1~4km	1~2km	1/8~1
1:5万	0.5~2km	0.5~1km	1/2~4
1:2.5万	0.25~1km	0.25~0.5km	2~6
1:1万	100~400m	100~200m	12.5~100
1:5千	50~200m	50~100m	50~400
1:2千	20~80m	20~40m	300~2500

四、技术参数的选择

技术参数是指所用方法装置的极距大小、工作频率范围等。

1. 装置电极距的选取原则

测量装置的电极距的选取通常要在已知地质剖面上进行试验来确定。要在保证地质效果和经济效益的前提下,确定电极距的大小。

确定电剖面法装置的供电电极距 AB 或偶极距 OO′、测量电极距 MN,一般要考虑被探测地质体的顶部埋深(埋深大,AB、OO′要大)、覆盖层的厚度和电阻率大小(由于低阻覆盖层对电流的屏蔽作用,探测低阻覆盖层下地质体时要选用较大的供电电极距)、表土电性不均匀程度(若不均匀性严重,则 MN 不宜过小,否则引起实测 ρ_s 曲线呈明显锯齿状变化,若 AB、MN 选择的比例合适,则可以降低表土不均匀性的影响)。为了获得地下地质体多方面的信息,可以选用多组电极距观测;为了工作方便,MN 通常取为点距的整数倍。

2. 常用电剖面装置电极距选取原则

1)对称四极剖面装置或复合对称四极剖面装置

(1)供电电极距 AB 至少应为探测对象顶部埋深的 4~6 倍;测量电极距 MN 应不小于探测对象的顶部埋深,但也不宜超过 AB/3,否则,装置的探测深度将显著下降。

(2)在复合对称四极剖面装置中,较小的供电电极距 $A'B'$ 主要反映浅部电性变化情况;较大的供电电极距 AB 主要反映深部电性变化情况。在大多数情况下,AB 应为探测对象顶部埋深的 6~10 倍;$A'B'$ 应为探测对象顶部埋深的 2~4 倍。

$AB/A'B'$ 应大于 2,其最佳比值应根据地质目的、测区地点性质,由野外试验确定。同时注意 AB 和 $A'B'$ 也应取为 MN 的整数倍。

2)联合剖面装置

(1)在普查良导性脉状地质体时,供电电极距 AO 应按下式计算:

$$AO = \frac{1}{2}(L+d)$$

式中:L——最小探测对象的走向长度;

d——最小探测对象下延长度(估计值)。

当欲分辨相邻地质体时,应使 AO 不大于相邻地质体间距的 1/2;在进行地质填图或追索异常时,一般要求 AO 至少应为被探测地质体顶部埋深的 3 倍。

测量电极距

$$MN = \left(\frac{1}{3} \sim \frac{1}{5}\right)AO$$

(2)当探测对象的规模与埋深不清楚或变化范围大时,应尽可能设计多种电极距进行观测,其极距变换比值以不小于 2 为宜。

(3)"无穷远"电极一般应垂直测线方向布设,要求"无穷远"极与最近测线的距离为 AO 的 5~10 倍;当因地形或其他通行条件及其他地质、地貌原因需要沿测线或斜交测线方向布设"无穷远"极时,应适当增大它与最近测线观测段之间的距离,一般应超过 AO 的 10 倍。

3)偶极剖面装置

应使电偶极子间距 OO' 大致等于解决同一地质问题的联剖装置中的 AO 长度;并使 $AB=MN,OO'=n·AB,n$ 为正整数。

4)中间梯度装置

(1)AB 的选择应考虑装置为某一极距时的有效探测深度,通常可根据覆盖层厚度及其地电性质,并结合电源功率和施工方便等因素设计。一般来说,应使该装置能够达到所期望的有效探测深度,并反映出探测对象的明显异常。考虑到大极距的对称四极法异常与相同条件下中梯法异常是相似的,因此在选择中梯装置的供电电极距 AB 时,可以参考对称四极剖面装置的理论计算或模型实验结果。

对于等轴状地质体情况,当 h_0(等轴状地质体的中心埋深)为 2 倍等轴状地质体的半径 r_0 时,应取 $AB \geq 8 \cdot h_0$;对于陡倾高阻脉和缓倾斜低阻脉而言,模型实验结果表明,应取 $AB \geq 8 \cdot h_0$(h_0 为脉状体的埋深)。

(2)测量电极距 MN 的选择。由于随着 MN 的增大,视电阻率 ρ_s 异常值将减小,使曲线变得平缓,故 MN 不宜取得太大。但是 MN 也不宜取得太小,否则,由于浮土层或近地表围岩中的电阻率不均匀性将使 ρ_s 曲线产生锯齿状跳跃,同时,MN 太小也会使观测电位差信号发生困难,考虑到上述种种原因,通常取 $MN = (1/50 \sim 1/30) AB$。

(3)观测区段的选择。对位于 AB 连线上的主剖面(或称为中心剖面)而言,一般可测区段为其中间的 $(1/3 \sim 1/2) \cdot AB$。对于平行于主剖面的旁测剖面而言,与主剖面的最大垂直距离不应超过 $1/6 \cdot AB$。

(4)当必须移动两次或多次装置来完成整条测线的观测时,在相邻装置的结合部位应有 2~3 个重复观测点。

3. 电测深法的电极距系列和电极排列方向的确定原则

每个电测深点观测所用的自小到大的一系列电极距,称为电测深工作的电极距系列。电极距系列、最大供电电极距(对称四极测深装置指 AB/2,三极测深装置指 AO 或 BO)及电极排列方向,应根据工作任务、测区地质、地球物理条件及施工条件等确定。

1) 确定电极距系列的原则

(1)在设计供电电极距系列时,应使各极距在 6.25cm 的双对数坐标纸上沿 AB/2 轴有大致均匀的分布,相邻电极距的比值在 1.2~1.8 之间。

考虑到电测深曲线进行数值解释的需要,电极距系列也可呈对数均匀分布。

(2)应以能获得完整的电测深曲线、满足解释推断的需要为原则。设计的最小供电极距应能保证电测深曲线有明显的前支渐进线(某些特殊目的不受此限制);设计的最大供电极距应根据测区(或者类似条件的其他测区)中具有代表性的电测深曲线确定,或者通过测区已知地电断面正演估算确定,并在生产实践中灵活调整。具体要求是:

①当以"无穷大"电阻率值电性层为底部电性标志层时,在反映该电性标志层呈 45°上升的曲线尾支渐进线上至少有 3 个电极距读数。

②当以有限电阻率值电性层为底部电性标志层时,测深曲线的尾支应获得明显的渐进线(至少有 3 个电极距读数)。

③对于新区,应根据需要设计若干个均匀分布、电极距较普通测深点大的"控制测深点",以把握测区中电测深曲线的尾支渐进线的特点,了解最下部电性标志层的电阻率情况。

(3)测量电极距系列应根据所设计的供电电极距系列、测区岩石电阻率及电位差观测条件等设计。为了保证观测精度和工作效率,通常测量电极距与相应的供电电极距的比值保持在 1/3～1/30 的范围内,即 AB/30≤MN≤AB/3,见表 4-4。

表 4-4 供电电极和测量电极极距关系表

$\frac{AB}{2}$(m)	3	4.5	6	9	12	15	25	40	65	100	150	225	325	500
$\frac{MN}{2}$(m)	1	1	1	1	1	1	1							
						5	5	5	5	5	5			
										25	25	25	25	25

(4)"无穷远"极 C(三极测深装置)的方位和距离。应尽可能使"无穷远"极 C 位于 MN 的中垂线上,将 OC 与 MN 中垂线的方向控制在±5°之内,并使 OC 不小于 5·AO(或 5·BO),若不满足上述要求,可使 OC 长度增大到 10·OA,使之由于 C 极的影响在视电阻率的观测中引起的误差不超过±2%。

2)确定电极排列方向的原则

在设计电极的排列方向时,应使各种电性不均匀(如地形、构造、地表局部电性不均匀等)对测量结果的畸变影响降低到最小程度,同时也应适当照顾通行、接地和施工的方便。

电极排列方向一般应满足如下要求:

(1)同一测区的电测深点的电极排列方向应大体相同;因客观条件限制必须改变方向时,应布置足够数量的十字电测深点。

(2)应尽可能使电极排列方向和剖面方向一致,以便节约测地工作和便于收、放线连续作业。

(3)当地形坡度大时,应尽可能使电极排列方向与地形等高线总方向一致。

(4)必须设计一定数量(不少于测深点总数 3%)的十字电测深点,且应在测区中均匀分布,以便把握地电断面在水平方向变化时对测深曲线的影响。

第三节 电法野外作业技术

电法勘查的野外作业的目的是为了获取符合设计要求的观测数据。合理的野外作业技术是取得合乎设计精度要求的野外资料的重要保证。野外作业必须按照规定的野外作业技术进行。野外作业技术包括测站布置、导线敷设、电极接地、漏电检查、测站观测、数据记录与野外草图、困难条件下的观测和处理等内容。

一、测站布置

测站是野外作业的中枢。剖面测量时,测站位置应尽量靠近观测地段的中心,以便能控制足够多的测区面积。通常可将测站选择在视野开阔、地势平坦、通行方便、避风干燥处。电测深测量的测站则应尽可能布置在测点附近。为避免电磁感应与电源漏电影响，测站应远离高压输电线及变压器。测站与供电站应采取必要的防潮、防雨和防曝晒措施。

一个野外工作日开始观测之前，应做好下列工作：

(1)当用发电机作电源时，先布置电站，进行发电机试车，观察空载和负载条件下的运转情况；当用干电池作电源时，应按规定方式接好干电池。

(2)检查仪器和控制面板线路连接情况。

(3)检查仪器及通讯设备的电源；检查各开关旋钮的机械性能和灵活程度；检查通讯设备说话和收听的效果。

(4)检查仪器、导线及线架的漏电情况并记录检查结果。

(5)核对各电极点、线号。

(6)接通电源、粗略测试供电回路电阻并进行试供电，选择合适的工作电压、电流、匹配好平衡负载。

经逐项检查，凡不符合技术要求的仪器设备应进行现场处理，直到症状消除且合乎规定的技术要求后，方可进行观测。

二、导线敷设

自电极和供电站引入测站的导线，都应该分性质固定在不同的绝缘物体（如木桩、树干等）上。不得将未固定的导线直接引入仪器或栓在仪器脚架上。

(1)供电导线和测量导线尽可能分列于测线两边，并注意使它们保持一定的距离。对于电剖面测量，当 M 线（或 N 线）的长度小于 1km 时，该间距可为 1～5m；大于 1km 时，应加大到 5～20m。对测深测量，由于通常采用扩展式电极距系列，故测量导线与供电导线的间距不应是固定的，一般以不小于 1/10MN 为宜。对激发极化法测量，测量导线与供电导线的间距都应比电阻率法更大些，因为还要考虑避免电磁耦合的影响。

(2)供电导线和测量导线不允许互相交错；供电导线至少应离开测量电极 2m，同样，测量导线也至少应离开供电电极 2m。

(3)测量导线一般应避免悬空架设，当导线穿越河道、池塘必须架空时，应注意将导线拉紧。无法架空而只能漫水通过的供电导线和测量导线，应事先向测站报告并进行漏电检查。

(4)测量导线应尽可能远离高压输电线。当必须通过时，应使那段测量导线与高压线方向垂直。

(5)电线接头处应确保接头牢固和外皮绝缘良好。

为避免导线损伤，放线时应边走边放，收线时应边走边绕动线架收线，不许拖曳收放线。在导线收放过程中，应随时注意导线有无破损或扭结。破损处应包扎绝缘；扭结处应放松理顺。此外，还应注意尽量不使导线承受过大拉力，当手感力量忽然增大时，切勿硬拉,应及时查明原因。导线通过铁路、公路、河道或村庄时,应采取架空、埋土或从道轨下通过等临时性措施,以无碍车、船、人畜通行和避免导线损伤。

三、电极接地

电极接地通常应遵守下列原则:

(1)电极应尽量靠近预定接地点标志布设,并应与土层密实接触。当单根电极接地不能满足作业要求时,应采用多根电极的并联组。该电极组通常应垂直测线排列,只有受客观条件限制时才可以绕接地点环形分布或沿测线排列。

(2)电极入土深度一般应小于电极至 MN 中点距离长度的 1/20,当电极距很小时,也应不超过 1/10。

(3)当进行剖面测量时,单根电极因客观条件限制只能向接地点某一侧偏离时,其垂直测线方向的位移应小于其至 MN 中点距离的 1/220,测量电极应小于其至 MN 中点距离的 1/120。当不能满足上述要求时,应按一定精度测出其移动后的实际位置,并在记录本上注明,同时重新计算 K 值。

(4)电极组任意电极间的距离应大于 2 倍电极入土深度。不垂直测线或沿测线排列时,电极组在接地点两侧的分布长度应大致相等。为使装置系数 K 的相对误差不超过 1%,电极组中单根电极与预定接地点之间的最大距离 d 应满足:

①当电极组垂直测线排列时,d 应不大于该电极组至 MN 中点距离的 1/10。

②当电极组沿测线排列时,d 应不大于该电极组至 MN 中点距离的 1/20。

③当电极组环形分布时,d(半径)也不应大于该电极组至 MN 中点距离的 1/20。

(5)供电电极的数目应根据供电电流强度和接地条件而定。单根电极通过的电流不应过大,对于直径 2~3cm、入土深度 50cm 左右的电极,通过的电流强度以不超过 0.2A 为宜,以减小电流不稳现象。

电测深测量的电极接地除应遵守上述原则外,为选择优越的供电接地点或者避开障碍物,可以垂直 AB 排列方向移动接地点。供电电极接地点垂直拉线方向移动应不超过 AO(或 BO)的 5%;沿拉线方向移动的距离应不超过 AO 的 1%,这时可不必另外计算 K 值。当接地点附近存在较大面积的障碍物或者接地困难区域时,必须在观测现场改变电极距观测。这时应通知测站,重新计算 K 值。移动一端或两端电极后的四极测深装置,仍应设法使装置保持对称;若 AO 与 BO 不等,则在绘图时将两者极距取平均值。布置测量电极 M、N 时,允许与 AB 的方向有一定的偏离,但偏离角度不得大于 5%。

自然电场法和激发极化法的测量电极系不极化电极,其接地必须符合下列技术要求:

(1)应事先在接地点挖电极坑,坑内不得有碎石杂草,地表干燥时应提前半小时在坑中浇水,当测点岩石裸露时,应在岩石上垫以湿土。总之,应确保不极化电极接地时接地电阻较小。

(2)不极化电极不可埋设在流水、污水或废石堆中,以免因离子交换使电极罐中饱和的硫酸铜溶液污染或稀释。布极时还应尽量减小两极温差,所有电极应避免日晒,基点处的电极更要注意;电极引出的裸金属线不要触及线架或杂草,电极接地点附近不要有人为扰动。

(3)当接地点受自然条件限制要移动电极布设位置时,其移动方向应垂直于测线,其移动距离不应大于观测点点距的1/5。具体移动情况应记于野外记录簿备注栏中。

(4)进行电位装置测量时,基点的电极接到仪器的N插孔,测点的电极接到仪器的M插孔,并要在记录中注明基点与各测点上所用不极化电极的编号(或代号);进行梯度装置测量时,在东与北方向的电极接仪器的N插孔,西与南方向的电极接仪器的M插孔。

激发极化法的测量电极也不是极化电极,其接地应符合上述电阻率法M、N电极的接地要求及自然电场法电极接地的(1)、(2)两项要求。

四、漏电检查

(1)电法野外观测工作之前和结束之后,均应对仪器和导线的绝缘性能进行系统检查。

进行剖面测量时,在一个野外作业日的观测始末、测线转移、中梯改变排列或者变换极距的情况下,都应对供电系统和测量系统分别进行检查。

测深作业在下列情况下应作例行漏电检查:
① 电测深的最大供电电极距。
② 三极电测深或联合电测深的"无穷远"供电导线。
③ 500m以上的每一个供电电极距(当天气晴朗、地面干燥时,可放宽至每隔3个电极距)。

测深作业在电极距不大,干扰电平很低,读数本身引起的视电阻率误差不超过2%时,还可以用改变电极接地电阻的办法来检查是否漏电。当供电电极接地电阻改变不少于1倍而测得的视电阻率差值不超过3%时,便认为漏电影响在观测结果中可以忽略。

(2)仪器的漏电检查。在仪器电源断路的情况下,用500V兆欧表分别测定A、B插孔,M、N插孔,仪器外壳三者之间的绝缘性能,要求测定的电阻值均不小于100MΩ。若测定的值小于100MΩ,则认为仪器绝缘性能不合乎规定要求,其漏电影响不容忽视。

(3)开工前对导线的漏电检查,一般是将导线铺于地面上,采用500V兆欧表,观测导线对地的漏电电阻。每千米导线的绝缘电阻,对于供电导线,应不小于2MΩ;对于测量导线,应不小于5MΩ。

(4)当仪器设备在观测现场无法满足(2)、(3)条所规定的绝缘强度指标时,应进一步对供电系统和测量系统进行下述漏电检查:

① 供电系统漏电检查一般可轮流断开一供电导线与供电电极的接头,同时观测供电线路中的等效漏电电流强度和测量路线等效漏电电位差(两次电压不同时可按电压正比关系换算成工作电压下的"等效值")。要求两端等效漏电电流强度的总和不超过该点供

电电流强度的1‰;两端等效漏电电位差的总和不超过该点观测电位差的2%,进行漏电检查的电源电压一般不超过300V。

②测量系统漏电检查一般可轮流断开一测量导线与测量电极的接头,供电时测量等效漏电电位差。要求两端等效漏电电位差的总和不超过该点观测电位差的1%。

(5)当观测过程中发现有不允许的漏电现象时,测站应着手改善导线、电源、仪器或控制面板的绝缘情况,并根据观测曲线的畸变特征来寻找漏电点位置,分析漏电对已有观测结果的影响程度。绝缘状态改善后,应沿测线逐点返回进行重复观测,直至连续3个测点的观测结果符合重复观测的要求时,才能认为此漏电影响已被排除。漏电现象与漏电检查处理结果应记录在记录本备注栏中,作为资料检查、验收的一项重要内容。

在自然电场法和激发极化法测量中,当测量线路存在足以影响观测质量管理的漏电时,一般会伴生有指针不稳现象,这时应检查仪器及测量线路。上述现象经处理已不复存在时,则说明影响观测质量的漏电已被排除,必要时可用兆欧表检查漏电。漏电处理应符合上述(2)、(3)条中有关测量线路检查的方法与要求。

五、测站观测

对电阻率法基本技术要求为:

(1)供电电压不宜低于15V,以免因低压供电电极极化缓慢致使供电电流不稳,同时供电电压低将造成极化电压所占比例增大,影响观测精度。

(2)应选择合适的测程来度量输入讯号,一般以指针偏转不小于表头刻度的1/3为宜。在指针稳定的情况下,其最小读数不应低于满度读数的1/4。指针不稳定时,最小读数应加倍。

(3)供电电流强度和总场电位差应尽量估读至3位有效数字;视电阻率值应算至3位有效数字。

电测深野外基本观测的要求除上述几点外,还应注意下列3点:

(1)当变换测量极距观测时,应当在测量极距被改变的两相邻供电极距上同时获得两组测量电极距的观测值。

(2)进行大极距观测时,必须使每次观测的供电时间不少于电场的建立时间。电场建立所需的时间t可按以下经验公式求得:

$$t = \frac{2\pi L^2}{10\rho_s}(s)$$

式中:L——供电电极AO,单位为km;

ρ_s——相应供电电极距的视电阻率观测值,单位为$\Omega \cdot m$。

当极距较大时,要注意因供电时间过长可能引起的测量电极的极差变化、大地电场的变化以及电池组的电源不稳定等情况。

(3)供电极距AO大于1 000m时的所有读数应进行重复观测,并以其平均值作为最终的基本观测值。重复观测的要求后面将会叙述。

自然电场法的基本观测技术要求除上述(2)、(3)项外,在观测过程中如发现指针抖动,必须对导线与电极进行检查,安置稳妥后重新观测。

自然电场法在一个野外工作日开工之前,必须测定拟使用的每对不极化电极的极差,称为"开工极差";当流动电极回到测站或分基点时,或者是整个工作日的观测结束之后,应测量不极化电极的"收工极差"。激发极化法在一个野外工作日开工之前及整个工作日的观测结束之后也要分别测量不极化电极的"开工极差"和"收工极差"。"开工极差"不得超过$\pm 2mV$,"收工极差"不得超过$\pm 5mV$。

不极化电极的极差必须在盛有硫酸铜饱和溶液的器皿中测量。测量时应注意记录各对电极的编号(或代号),特别注明拟置于基点的不极化电极的编号(或代号),该电极应接仪器的N端。

六、数据记录与野外草图

(1)野外观测现场的全部观测数据都应该如实地记录在专用记录本上。记录本除记录原始数据及记录与观测有关的事项外,不得兼做他种用途。记录本不允许空页、撕页或者粘贴注记。

(2)记录本中的各分类事项应认真填写,不得遗漏。各种数据应在观测现场及时记录,事后不得追记或修改,也不准以转抄的结果代替原始观测记录。

(3)数据记录时只允许使用中等硬度(2H或3H)的铅笔。要求记录得正确、工整,字迹清晰,原始数据不得涂改或擦改,记错了的数据必须划去重记,并在备注中注明原因。

(4)剖面测量的草图绘在方格纸上,其上应标明测区、比例尺、剖面号、剖面方位、测点号、装置形式和观测日期。必要时还应该将所发现的干扰影响注在草图的相应位置。野外工作日结束,观测者与记录者应审查记录并签名,以示负责。

电测深野外作业的草图绘在6.25cm模数的不透明双对数坐标纸上,并应注明电测深点号、电极排列方向、各组MN值、起始极距的ρ_s值、观测日期、操作者和记录者的姓名。

七、困难条件下的观测和处理

(1)在野外观测现场,当干扰影响造成观测困难甚至破坏正常观测时,应首先检查仪器设备的性能;当确信仪器设备为正常工作状态,影响观测的原因来自仪器外部时,应根据干扰的各种表象特征来判断干扰原因,并拟定相应的处理措施。

①仪器无输出或指针满度超格,极化补偿失灵,表明测量回路不通。

②"极化不稳",即指针匀速向一个方向偏转。当测量电极布设于流水、腐植层或与地中金属导体接触,测量导线破损致使铜丝直接接地,以及两测量电极间温差过大时,都可能引起上述现象。

③指针运动迟缓,极化补偿时指针运动滞后于操作动作,小测程挡灵敏度降低,往往

反映测量电极的接地电阻过大。

④指针呈无规律摆动、小幅度抖动或不间歇地左右漂浮,但测量电极正常。这可能是机械震动、严重漏电、导线摆动产生的感生电动势、大地电流或工业游散的干扰。

对上述的一些干扰,若讲究循章作业和对症处理,是可能避免或减小其影响程度的;工业游散电流的干扰,应在实践过程中摸索抑制和消除的途径。当外部干扰不致影响观测时,可适当增加重复观测的次数;当严重影响观测数据而又无法避免时,应停止野外现场观测工作。

(2)重复观测。重复观测是指在读数条件比较困难(仪器表头指针不稳、读数很小、有明显干扰现象及有反常现象)等单次观测难以保证精度的情况下,操作者通过增加观测次数以使最终观测结果符合精度指标的一种观测方式。对于电阻率法,当读数小于 0.3mV 或 0.3mA 时要进行重复观测。另外,对于电测曲线的突变点,与相邻测线对比显得无规律的测段,亦需进行重复观测。对于电测深作业,当供电电极距超过 500m 时,应进行两次以上的重复观测。重复观测仍属于原始观测之列。

视电阻率的重复观测应符合下列要求:

①在参加统计的一组 ρ_s 观测中,最大值和最小值之差相对于二者的算术平均值应不超过 $\sqrt{2n \cdot M}$。判别式为:

$$\frac{2(\rho_{smax} - \rho_{smin})}{\rho_{smax} + \rho_{smin}} \times 100\% \leqslant \sqrt{2n \cdot M}$$

式中:n——参加平均的 ρ_s 值的个数(即一组重复观测数据的个数与被舍弃的观测数据的个数之差);

M——设计的无位均方相对误差。

②在一组重复观测数据中,误差过大的观测数据可以舍弃,但必须少于总观测次数的 1/3。若超限的观测数据过多,说明可能不具备观测所要求的基本条件,或是操作者本人的观测技术尚存在问题。

③重复观测应改变电流(改变量不限制),但应不改变接地位置及条件。

④重复观测数据应作为原始数据对待,并应对一组重复观测的有效数据进行算术平均值计算,以作为该测点最终的基本观测数据。一组重复观测数据中的有效值和舍弃值都应在相应备注栏中注记。

自然电场法在困难条件下进行的重复观测,也应符合上述有关规定。不过,在判别一组重复观测数据合格与否时,其判别式为:

$$\Delta U_{max} - \Delta U_{min} \leqslant 2\Delta$$

式中:ΔU_{max}、ΔU_{min}——该组观测数据的极大值和极小值;

Δ——设计精度(绝对误差)。

不论何种方法,对工作过程中已发现的异常和曲线畸变,应及时进行实地考察。对所观察到的地质现象,特别是干扰地质体,应估计其干扰电平与实际影响程度,并进而拟定处理方案。这些地质现象应在记录本的备注栏中简要注记。在野外观测过程中遇到下列某种情况时,应考虑增补工作量。

(1)延伸至测区之外,需要追索的较小异常。

(2)需要掌握细节的有意义异常,需要准确确定出异常曲线特征点位置的异常,例如,要求出联合剖面装置测量的交点位置,可加密测点或者变换电极距观测。

八、检查观测

(1)检查观测是操作者本人对已完成的原始观测点或极距(电测深)进行的抽样检查或对质量有疑义的地段或极距的检查。检查观测必须改变原始观测的工作条件,例如,重新布置电极、改变电极接地状况等。

在一测量段的观测完成后(也可在观测过程中),操作者应对观测完成的点(或极距)进行数量不少于5%的检查观测,视具体情况还可增加一定工作量。

剖面测量的检查观测以曲线特征点、畸变段及位于典型地电断面的测线等为主要对象,也应对正常背景地段作适量的检查。

对电测深作业,当野外观测的计算结果在电测深曲线草图上形成突变点时,应及时检查分析,以确定可能导致观测错误的原因,并设法纠正(当电测无误时,应考虑是否为极距不准引起)。无论是否发现曲线突变的原因,都应当改变野外观测现场的某些工作条件,重测几组数据。当重复观测不超过规定时,应检查两相邻电极距的观测结果,或者在两相邻电极距之间增设新的电极距观测,以便进一步查明突变点性质。当变换测量极距观测引起电测深曲线变异(交叉、喇叭口或脱节),且曲线距离超过4mm时,应连续在3~4个供电极距上用两种测量极距观测。

(2)检查完毕,应计算原始观测数据与检查观测数据之间的误差。对电阻率法计算相对误差 v_i,其公式为:

$$v_i = \frac{|\rho_{si} - \rho'_{si}|}{\overline{\rho_{si}}} \times 100\%$$

式中:ρ_{si} 与 ρ'_{si} ——原始观测与检查观测的视电阻率值;

$\overline{\rho_{si}}$ ——ρ_{si} 和 ρ'_{si} 的平均值;

v_i ——一般应达到无位均方相对误差的精度要求。

自然电场法检查完毕,应计算原始观测数据与检查数据之间的绝对误差 δ_i,其计算公式为:

$$\delta_i = |\Delta U_i - \Delta U'_i|$$

式中:ΔU_i 和 $\Delta U'_i$ ——原始观测与检查观测的数据;

δ_i ——一般应达到绝对误差的精度要求。

激发极化法要求视极化率、视电阻率的检查观测和原始观测结果之差不超过设计均方相对误差 M 的 $\sqrt{2}$ 倍。在视极化率需用均方误差评定观测质量的地段,视极化率的检查观测结果与原始观测结果之差不得超过均方误差 ε 的 $\sqrt{2}$ 倍。

(3)当检查误差超限时,不允许简单地进行多次观测取数。检查观测需要进行重复观测时,也应按上述重复观测的有关规定执行。检查观测应较原始观测更为严格。当分析与查明原始观测数据确定有误的原因之后,可以用检查观测数据代替原始观测数据。

(4)检查观测结果应及时统计,分区段计算误差。检查观测与原始观测数据计算统计的误差,不作为衡量测区观测质量的一项指标,但可以作为分析工作质量情况的一个参考量。

第四节 系统检查观测的精度规定

一、电阻率法系统检查观测的精度规定

电阻率法系统检查观测的精度按均方相对误差 M 衡量,并应满足 $M<5\%$ 或 $M<7\%$ 的精度要求。计算均方相对误差的公式为:

$$M = \pm \sqrt{\frac{1}{2n}\sum_{i=1}^{n}\left(\frac{\rho_{si}-\rho'_{si}}{\overline{\rho_{si}}}\right)^2}$$

式中:ρ_{si}、ρ'_{si}——第 i 点或第 i 个供电极距(同组 MN)的基本观测数据和检查观测数据;

$\overline{\rho_{si}}$——ρ_{si} 和 ρ'_{si} 的平均值;

n——参加统计计算的测点数或电阻率观测数。

诸受检点或受检供电极距的观测误差分布应满足以下要求:

(1)相对误差 $\left(\frac{1}{2n}\cdot\frac{\rho_{si}-\rho'_{si}}{\overline{\rho_{si}}}\right)$ 超过实达精度的测点数应不大于受检点数或受检供电极距数的 32%。

(2)相对误差超过 2 倍设计精度的测点数或供电极距数应不大于受检点数或供电极距数的 5%。对于单个电测深点,可放宽为 10%。

(3)相对误差超过 3 倍设计精度的测点数或供电极距数应不大于受检点数或供电极距总数的 1%。

二、自然电场法系统检查观测的精度规定

自然电场法系统检查精度按平均绝对误差 $\overline{\Delta}$ 衡量,并应满足 $\overline{\Delta}<5\mathrm{mV}$ 的精度要求,平均绝对误差的计算公式为:

$$\overline{\Delta} = \frac{1}{n}\sum_{i=1}^{n}|\Delta U_i - \Delta U'_i|$$

式中:ΔU_i、$\Delta U'_i$——第 i 点基本观测数据和检查观测数据;

n——参加系统检查观测点的数目。

当存在明显的系统误差时,应在消除系统误差之后,再进行观测精度的统计计算。在随时间变化的自然电场地段所进行的系统检查观测不参与观测精度的统计计算。若测区过小,测区范围内广泛有随时间变化电场时,可用返程重复检查观测计算的平均绝对误差来衡量。

质检评价以系统检查观测为主,返程检查观测为参考,分别进行平均绝对误差的计算。

不论何种方法,测区和地段的野外观测质量,除应以系统检查观测结果为主要依据之外,还应该结合仪器性能、观测方法技术的具体措施、异常与畸变情况的现场处理、检查观测的统计结果等综合分析。

第五节 电法资料的整理和图示

电法勘查方法所获得的原始资料是野外采集而来的,原始资料的正确与否直接关系到其工作效果,资料的整理就是一个非常重要的工作。资料整理工作包括原始资料检查、原始资料验收、原始资料的分类处理、观测结果的整理等环节。

一、原始资料的检查

主要是检查野外工作所需要的各种原始纪录:野外工作的各种记录本、记录表格、仪器标定记录等,其中野外观测记录是最基本的和为数最多的原始观测记录。检查的主要内容如下:

(1)野外作业过程中所使用仪器设备的性能和各项技术指标是否达到设计或规范要求。

(2)观测曲线是否完整;观测结果是否符合设计或规范要求;系统检查观测结果是否达到设计要求。

(3)记录各档是否填写完整,数据记录是否符合有关规定。

二、资料的验收

1. 三级验收

资料的验收分为三级:
(1)小组的日常检查和原始资料的初步验收。
(2)分队的专门检查和原始资料的正式验收。
(3)大队的核实检查和原始资料的审查验收。

对于一般的资料验收只分前面两级,大型工程或重要工程还有第三级的验收。

三级验收中小组的日常检查和原始资料的初步验收是最基本和最重要的,它贯穿于野外工作的全过程。

各级技术、质量检查和资料验收,应以设计书规定为标准。设计书中未作规定时,应以规范规定为标准。

2. 不能验收的资料

(1)所用的仪器的各项技术指标及性能不能达到设计书要求而严重影响观测质量。

(2)测地工作精度得不到保证时所观测的数据。

(3)系统检查精度未达到设计要求,当扩大检查工作量至 20% 时,仍不能达到设计要求的全部观测结果;不能辨认的观测数据;被橡皮擦改过的观测数据;记录欠完整而无法利用的资料。

三、原始资料分类处理及观测结果的整理

原始资料分类处理主要是根据资料的质量等级进行相应的处理。

观测结果的整理是在原始资料检查和验收的基础上,对所获得的资料进行全面整理。其目的是压制干扰、突出有用异常,使工区内的全部资料统一、完整,且便于对比分析和充分利用。

有些电法勘查方法在资料整理时需进行数据校正,如由于多台仪器工作,需进行仪器的一致性校正,自然电场法的电位测量需进行"极差"校正,还有某些资料解释时需作背景场校正,大地电磁法的静态效应校正,人工源电磁测深法的"近场"校正等。

电法勘查方法因方法种类多,校正方法也较多,需根据具体的方法和任务目的灵活运用。有些可以纳入资料处理的范围,因此在这里不作讨论。

四、资料的图示

图件是物探工作设计、施工内容和工作成果的主要表现形式,它能集中、全面、形象地反映整个物探工作,是物探工作中不可缺少的组成部分。图件质量是评价整个物探工作质量的一项重要指标。

在野外生产过程中只编绘各种简化的草图,资料验收合格后,才开始正式编图。编绘物探图件是一项创造性的工作。编制图件的过程往往就是综合研究工作的一个重要环节,或者是在综合研究的基础上进行的一项重要工作。保证和不断提高图件的质量是各级负责人与全体绘图人员的主要任务和职责。制图人员不仅需要具有必要的绘图知识和技能,而且应对物探方法技术及一般的地质、地理知识有一定程度的了解。

1. 电法图件的基本格式

一个正式的物探图件应有图框、图名、图幅号、接图表、比例尺、图例、技术说明、责任表和密级等内容。

2. 主要图件及其绘制方法和要求

1) 位置图类

(1) 工区交通位置图。它通常作为设计书或成果报告的插图或其他图件的角图。

(2) 工作布置图。它是物探工作设计书的主要附图，是专门表示物探工作计划、设计内容的图件。

(3) 实际材料图。它是物探工作、测地工作的基本成果图件，也是物探工作成果的主要基础图件，应按实际工作比例尺绘制。其内容包括测区的地理位置、测网和工作比例尺、供电极或无穷远极接地点的特殊点位置等。

(4) 工作程度图。这种图件是用来表示一个地区内以往各有关工作的测区范围、重点剖面、工作路线，以及工作方法、工作比例尺、工作年份等项的内容。

2) 参数图及推断成果图类

(1) 剖面图。参数剖面图是反映测线方向、同一探测深度内某一电性参数变化特征的图件。当在同一张剖面图上表示不同方法或同一方法的多种参数及相应的地形、地质内容时，称为综合剖面图。

(2) 剖面平面图。面积性电测工作均绘制剖面平面图。它是专门表示测区内所有剖面曲线的平面分布及其用量值曲线表示物探参数沿各剖面变化特征的图件。其主要用于研究电场的平面分布特征和各测线间的异常对比。

(3) 等值线平面图。大比例尺的电法面积性的剖面工作，通常都要绘制有关参数的等值线平面图。它常以同比例尺简化地质图为底图，能较直观地反映电场平面分布特点，并能反映出异常与地质构造的相互关系。

(4) 电测深曲线图。电测线曲线是电测深工作的基本图件，要求逐点绘制，并装订成册。

(5) 电测深曲线类型分布图。电测深曲线类型分布图是定性解释用的图件之一。此图可定性反映出测区内地下电性层的分布及变化情况。

(6) 等视参数断面图。等视参数断面图是电测深剖面或面积测量工作时常绘的一种图件。它可以明显地反映出沿测线的垂直断面上视参数的分布情况，进而可以了解垂直断面上基岩起伏、构造情况、电性层的分布等。

(7) 相同极距的视参数剖面图和平面等值线图。在进行电测深工作时，为了探查某一深度上岩石电性参数沿水平方向的变化情况，常选择各测深点某一固定的 AB/2 极距所对应的视参数值，作剖面图或平面等值线图。

(8) 地电断面图。在绘有实际地形线和地质情况的测线上标出各测深点，即以测线为横坐标，以定量解释出来的各层埋深为纵坐标，并标明各测点下各层的电性参数值（如电阻率值）。将相同的电性参数值（电阻率）反映的不同深度一一连接起来，即勾划出了不同的电性层，这就是地电断面图。

(9) 推断成果图。推断成果图是表示物探工作解释推断成果和结论建议的图件，可分为推断平面图、推断剖面图、推断立体图等。它的编制方法是在参数平面图和参数剖面图的基础上加绘有关地质内容及解释推断结果。

第六节　电法资料的解释推断

解释推断是把电法资料转化为地质语言的重要步骤，它关系到电法资料能否充分发挥其地质效果，应该高质量完成。

一、解释推断的基本任务

(1)综合分析、研究、对比各种资料，解释可能引起异常的地质原因。

(2)运用物理模拟和数值模拟及简单的定量计算方法，推断研究对象的赋存状态(形态、产状、埋深等)。

(3)结合测区的地质特点及其他资料，以各种推断成果图形式表达测区地质构造等有关问题。

二、解释推断的基本原则

(1)综合研究。
(2)由已知到未知。
(3)由简单到复杂。
(4)点面结合。
(5)及时不断地解释推断。
(6)定性和定量解释相结合。

三、资料的预先分析和处理

(1)在资料整理中应进行各项改正工作。

(2)分析观测结果的质量(包括观测精度、测网密度、反映异常的详细程度)是否存在局部地段的系统误差。

(3)识别人工和其他非地质因素对观测结果的影响，估计其影响的程度，视需要和可能进行补充工作。

(4)确定视参数的背景值和异常下限。
(5)划分异常。

四、电法资料的解释推断要求

1. 定性解释

定性解释是在资料的预先分析和处理的基础上进行的。其主要任务是初步解释引起各个异常的地质原因。此外对有意义的异常体,还应确定其大致形状、走向、倾向、分布范围、埋深等,并绘出相应定性解释图件。

(1)研究单一方法的异常。

(2)综合研究各物探方法的异常。

(3)密切结合地质及其他资料。

2. 定量解释

定量解释一般是在定性解释的基础上进行。定量解释的目的主要是确定有意义异常体的赋存情况,以推断异常体的几何形态、产状要素、埋深情况。对于电测深,定量解释主要用来确定层参数,进一步查明引起异常的原因。

(1)定量解释对资料的要求。

(2)正确使用定量解释方法。

目前电法资料的定量解释主要是半定量解释和定量解释,有的方法是用半定量解释,有的方法(如电测深)是用定量解释。

附件 《DDC-8电子自动补偿电阻率仪》使用说明

DDC-8电子自动补偿(电阻率)仪,是重庆地质仪器厂研制的新一代直流电法仪器。工作时可直接显示所测得的参数值。该仪器广泛用于固体矿产、能源、地下水源调查,也用于水文工程、环境的地质调查及工程地质勘探等。是国内地质及工程勘察部门最常用的物探仪器之一。

一、仪器主要特点和功能

(1)全部采用CMOS大规模集成电路,发射、接收一体化,体积小、耗电低、功能多、存储量大。

(2)采用多级滤波及信号增强技术,抗干扰能力强,测量精度高。全密封结构具有防水、防尘的功能,寿命长。

(3)自动进行自然电位、飘移及电极极化补偿。

(4)供电时间(1~59s)可控制,并有9种野外常用工作方式选择及其极距常数的输入与计算功能。

(5)接收部分有瞬间过压输入保护能力,发射部分有过压、过流、AB开路和断电保护功能。

(6)具有快速准确的判断出故障所在位置及主要损坏器件的故障诊断程序。

(7)配备的RS-232C接口能与其他微机联机工作。

二、仪器主要技术指标

1. 接收部分

电压测量范围:±3V; 电压测量精度:±1%±1个字;
输入阻抗:>8MΩ; 电流测量范围:3A;
电流测量精度:±1%±1个字; 对50Hz工频干扰压制优于60dB;
SP补偿范围:±1V。

2. 发射部分

最大供电电压:700V; 最大供电电流:3A; 供电脉冲宽度:1~59s,占空比1:1。

3. 其他

工作温度:-10~50℃,95%RH; 储存温度:-20~60℃,

仪器电源:1号电池(或同样规格的电池)8节； 重量:<7kg。

三、仪器结构

(1)DDC-8型仪器所有操作部分均位于面板上,面板由下列部分组成(图1、图2):
①显示器为两行,每行20个字符的点阵式液晶;
②26个键的键盘允许进行各种操作和数据输入;
③供电接线柱AB;
④测量电位接线柱MN;
⑤设有RS-232串行接口;
⑥设有HV高压电源输入接口。

 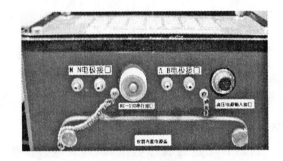

图1 仪器面板　　　　　　　　图2 仪器接线柱示意图

(2)26个键的功能说明。
①0~9为数字键,用于输入数据。
②小数点键用于输入小数点。
③ ON :开机键。正常开机后仪器先进行自检,自检正常后显示"DDC-8"。
④ OFF :关机键。
⑤ 清除 :为双功能键,第一功能用来清除输入的数字;第二功能用来清除内存。操作步骤为:首先按住该键,同时打开仪器电源开关,这时屏幕上显示"CLEAR?"问是否要清内存,如果要再按键,即可清除内存。
⑥ 排列 :用于选择电极排列,压下该键,显示器显示电极排列之一。它和键配合,可以重复显示9种电极排列方式,直至选定的排列。
⑦ 时间 :压下该键,显示器显示"TIME=xx"秒,该键和前进键的配合可完成对测量时间参数的修改。
⑧ 极距 :用于电极排列参数输入,它与前进键配合送入电极排列的各个参数。
⑨ 前进 :用于置数和读取测量结果数值,及周而复始地显示预置参数。

⑩ **+/-**：为符号键,用于改变数字符号。

⑪ **次数**：预置测量周期数,每次测量时,若要修改测量周期,可用此键与前进键配合,达到修改目的。

⑫ **电池**：电池电压检查键。压下该键进行检查。

⑬ **自电**：测量 MN 电极之间的自然电位。

⑭ **联机**：用于通过 RS-232 接口与计算机连接。

⑮ **调用**：用于回放已测数据。

⑯ **存储**：用于保存测量数据。

⑰ **测量**：用于启动一次供电测量工作。

四、操作说明

1. 开关机

(1) 按仪器开关 ON,显示器显示 DDC-8。
(2) 按仪器开关 OFF,仪器关机。

2. 仪器电池电量测量

按下 **电池** 键,屏幕显示"BAT= xx V",其中"xx"代表电池电压,电池电压应不得低于 9.6V,否则必须更换电池。工作时应定时检测仪器电池电压,电压过低时,会影响技术指标的测试精度。

3. 自然电位监测

按下仪器面板 **自电** 键,对测量电极 MN 两端的自然电位差进行测量并显示。单位为：毫伏。

4. 设置工作参数

工作参数包括：测线号、测点号、排列方式、极距常数、供电时间及测量周期。

(1) 设置供电时间

操作过程：

按下 **时间** 键,选择供电时间,仪器初始值为 2s,如要修改可直接输入给定的时间,再按 **前进** 键即可。表 1 为仪器能提供的时间范围。

表 1 时间参数

TIME	最小值	最大值	初始化值
供电时间	1s	59s	2s

(2) 设置排列方式

DDC-8 共提供表 2 所列的 8 种排列方式。

表 2 排列方式及所需参数

NO.	电极排列	缩写	电极排列参数				
			A	B	C	D	
1	四极垂向电测深	4P-VES	AB/2	MN/2	PROFIL		
2	三级垂向电测深	3P-VES	OB	MN/2	PROFIL		
3	四极剖面	4P-PRFL	AB/2	MN/2	X	PROFIL	
4	三极剖面	3P-PRFL	OB	MN/2	X	PROFIL	
5	中间梯度	RECTCL	X	Y	AB/2	MN/2	PROFIL
6	偶极—偶极	OIPULE	X-AB	X-MN	O	PROFIL	
7	地井电法	IP/BUR	H	R			
8	5 极纵轴	5P-VES	AM	AN	AB	PROFIL	
9	输入 K 值	K					

按下 **排列** 选择电极排列,系统自动预置初始值的起始位置定位于四极电测深排列,显示器显示 4P-VES,如果要选择其他电极排列,可连续按下 **前进**,直到显示所需的排列为止,例,三极电测深显示 3P-VES,在下一次测量时,如果不改变电极排列,可以不进行此操作。

(3) 设置所选排列的参数

按下 **极距** 会要求输入各种极距参数,以计算装置系数 K。如对于四极电测深,显示器显示"AB/2=xx",这时送入给定的极距如"88",再按 **前进**,显示器显示"MN/2=xx",再送入给定的参数如"6"。再按一次 **前进**,显示"PROFIL=xx"位置,再输入剖面号如"1"(注意:对于测深来说,剖面号即为测深点号),然后再按 **前进**,这时显示器显示 K 值,$K=xx$。如果发现输入的数据有错,可再按 **清除**,清除已送入的数据,然后再重新输入正确的数值即可,也可以在循环状态中依次修改输入错误的数据。

注意:这里"O"一般为测点所在位置,AB 指供电电极极距,MN 指测量电极极距,PROFIL 指测线号,对于四极剖面法 X 为测点号,或忽略不管;对于三极剖面法 X 为无穷远的数值;对于中间梯度法 X/Y 意义如图 3 所示。如果在数据采集过程中,实时手工记录所采集到的数据,则可以忽略测线号和测点号数值,如果需要通过 RS-232 串口将数据传出,则必须在采集过程中正确输入测点及测线号,考虑到在观测中有重复观测,则在记录纸中应详细记录仪器中测点号与实际测点的对应关系。

5. 测量

(1) 测量操作过程。测量开始之前应连接好所有电缆并仔细检查正确与否,然后再打

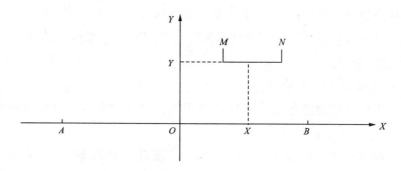

图 3　中间梯度法 X/Y 参数图示

开高压供电电源。

(2)按下 测量 进入测量状态显示 INJECTION,测量结束显示器显示:

RO=*　　*　　　　　V/I=

****　mV　　　　　****　mA

(3)一点重复测量只需按下测量键即可。

五、操作流程

(1)按照事先讨论好的测量装置,正确将电极、电缆连接。

(2)打开仪器上盖,按下开机键 ON 。

(3)仪器正常启动后,显示 DDC-8,此时按下 电池 检查主机电池电量,确定是否需要更换电池。

(4)按下 排列 并借助 前进 选择实际工作中使用的装置。

(5)按下 极距 并借助 前进 键,顺序输入该装置所需要的各种参数,直到出现装置系数 K 的数值。记录 K 值(建议手工利用公式计算 K 值,验证计算结果,检验参数输入过程中是否出现错误)。

(6)再次检查连线,无误后连接电源或打开电源开关。

(7)按下 测量 并等待测量结果出现,第一次测量结果显示后,记下数据,并再次按下 测量 进行重复观测,计算 2 次观测数据的误差,如果在 5% 范围内,则可以正式记录该测点的数据。记录视电阻率值,供电电流 ΔI 及电位差 ΔU。

(8)按照事先设计的点距进行跑极,进行下一个测点的测量。注意:如果是剖面法测量,可以不用重新计算装置系数 K,如果是测深法则必须重新计算装置系数 K。

六、操作注意事项

(1)在测量之前必须把输入高压接好,把 AB 供电电极接好,测量电极 MN 接好,要消除接触不良现象。

(2) 建议在测量每一条测线时检查一次电池电压。

(3) 在输入计算装置系数 K 的参数时，AB/2 及 MN/2 等单位应该是 m，注意在室内水槽实验时长度的单位。

(4) 电阻率 R 以 $\Omega \cdot m$ 为单位。

(5) 只有输入电极排列参数时才能计算电阻率。如果没有输入电极排列参数，显示器显示 $R=$ xxx。

(6) 只有平均电流大于或等于 0.01mA 时，才能计算电阻率值，否则显示器显示，$R=$ xxx, $I=0$。(此条可用于判断 AB 的接地好坏。)

(7) 自电 SP>1V 时，按下 测量 会出现 ERROR，此时须更改 MN 的极距或改善电极接地条件。

七、仪器的维修和保养

如果仪器发生故障可利用本机的诊断程序检查：

(1) 首先检查电池电压，按电池键，显示 BAT 39.6V 为正常，如果出现忽大忽小或有时不显示，很可能是电池接触不良，也可能是电池盒引线松动。

(2) 测量电池电压正常，但测量其他参数不准确或差异很大，故障出现在 A/D 转换之前可检查各运算放大器、滤波器及 D/A 转换情况。

(3) 检查各级静态工作点是否正常。

(4) 检查程序板各控制信号是否正确送出。

(5) 如果发送机部分不工作，检查控制信号是否正常，快速熔断器是否断，VMOS 管是否坏。

(6) 如果存储数据保持不住，检查 RAM 芯片是否坏。

(7) 串行接口不正常，很可能是 MAX233 或 P80C31 坏或性能差。

(8) RAM 器件损坏，显示 ERROR 1N RAM。

(9) 供电电流大于 3A，显示 ERROR I>3A。

(10) 发生过流保护时，显示 PROTECTED。重新测量时，需要关机一次，并将高压断掉，经检查排除故障后，再开机。

第五章　地震勘探实习

地震资料的野外采集是地震勘探工作的一个重要环节，是一个基础性工作。本次地震勘探实习的基本任务是高效率、高质量地采集反射波地震勘探、折射波地震勘探的原始数据，为下一步的地震资料处理和解释作准备，这些数据的准确与否直接影响着地震勘探的精度和效果。

野外工作的次序：先踏勘工区，布置测线，再进行试验工作，选择最佳合适的激发和接收条件，然后就进行大规模的正常生产，完成一定的生产勘探任务，由于各探区具体条件不同，野外工作方法会有较大的差别。

第一节　地震勘探的工作设计

一、地震勘探工作设计的一般要求

在解决实际问题的工作过程中，地震勘探的工作大体上分为现场踏勘、施工设计、试验工作及正式生产等阶段，由测量、钻井、激发、接收、解释等多工种密切配合进行。为了保证以上各项工作的顺利进行，必须对各阶段的工作部署有明确的要求和规定，这些规定的有机汇总就是通常所说的地震勘探工作设计书。

设计书是根据工作任务，在充分调查和研究的基础上，根据现行的规范或规定，由基层单位负责人或技术负责人组织编写而成。

二、地震测线布置的原则

地震测线是指沿着地面或海面进行地震勘探野外工作的路线，沿测线观测到的数据经数据处理以后的成果就是地震剖面（时间剖面或深度剖面），它是地震资料解释的基本依据。因此，测线的布置与了解地下地质结构的关系很大。在做面积性工作时，测网的密度，不论比例尺大小，都应该保证在按工作比例尺绘制的图件上，剖面线距为1～4cm。一般测线布置的基本原则是：

（1）测线应尽量为直线。因为这时垂直切面为一平面。所反映的构造形态比较真实。现在由于处理方法的改进，并为了适应各种复杂的地表地形条件，也可以采用弯曲测线进行地震工作。

(2)主测线应垂直构造走向、联络测线平行构造走向。目的是更好地反映构造形态和获取铅垂深度或视铅垂深度,并为绘制构造图提供方便。同时也可以减少地震波的复杂性,避免大量异常波的出现。

(3)测线应尽量通过已有的井位,做好连井连片测线,以利于地层的对比和全区连片成图。

(4)测线间距随勘探程度(阶段)的不同,应由疏到密。

三、试验工作

地震勘探的野外工作在方法技术的选择上较为复杂,这是因为地震记录的好坏受多种因素的影响,随着工区或测线的不同,地震地质条件都将会有很大的变化,因此每到一新工区,在正式生产之前必须花一定时间进行一些试验性工作。试验工作的目的,就是要选取本工区内最佳的野外工作方法和技术,试验的内容主要包括干扰波调查、最佳激发条件、接收条件的选择、地震地质条件的了解和测定等(必须指出的是在试验工作中应保持因素的单一性,不能同时改变一个以上的试验条件,否则将无法判断地震记录变化的原因),以便能综合地进行各种因素的选择。

1. 试验工作的基本原则

(1)试验前要了解前人工作的资料及经验,在此基础上拟定试验方案。试验中要取全、取准各项资料,以利于分析对比。

(2)试验点的布置要在某些有代表性的典型地段上作重点试验,取得一定经验后再向全区推广。

(3)试验工作必须从简单到复杂,保持单一因素变化的原则。即在研究某一因素时,其他的试验因素应保持不变,这样才可正确判断记录面貌改变的规律。当取得各种单一因素的资料后,再综合选择各种最佳因素,逐步进行更复杂的试验。最后要尽可能选用较简单的因素解决所提出的地质任务。

2. 试验工作的内容

(1)干扰波调查。每到一个新的勘查地区,首先要进行干扰波调查,以确定有效波和干扰波的特性,进而采取措施压制干扰。干扰波调查一般用单道检波器小道距接收,不使用模拟滤波器。排列可用"L"形,以便调查侧向干扰,每激发一次,排列沿测线移动几个道间距,直到最大炮检距达到普通反射勘探所用的最大炮检距为止。对所得地震记录进行分析,识别出有效波和各种干扰,然后计算其视速度、视频率、视波长、振幅及与最弱的有效波的振幅比等特性。如果随机干扰较强,则还需计算它们的相关半径。

(2)激发条件的选择。使用炸药震源时,首先应进行激发深度的试验,这时应详细录井,记下不同深度的岩性,对比不同深度和不同岩性激发时所得的记录。选择药量的原则应保证最大勘探深度的反射波振幅比背景噪声大几倍,在此基础上尽量用小药量。当必须采用大药量时,可用组合爆炸。对于使用撞击震源和气动震源时,则要试验每个位置的敲击数目或开枪次数。在使用可控震源时,要进行扫描次数、扫描频率范围、扫描长度等试验。

本次实习是使用撞击震源激发地震波。

(3)接收条件的选择。

组合检波:检波器个数、组合方式、组合距。

排列参数:道间距、偏移距、覆盖次数、排列长度(一般为目的层深度)。

检波器埋置:实、直。

根据干扰波调查的资料,首先可设计组合检波,目的在于保持有效波不变而最大地压制干扰,但在许多情况下做不到这样,而只好采取折衷方法,在不压制信号的条件下允许一部分干扰存在。如果需要组合激发,应该与组合检波同时设计和试验。组合参数确定后,进行道间距、偏移距和覆盖次数等参数的选择。因为最精确的速度资料是在排列长度等于反射界面深度时获得,所以应根据主要目的层的深度确定排列长度。然后,一方面由所使用的仪器道数确定道间距,另一方面要考虑避免空间采样的假频,应使深度点间隔小于波长之半。偏移距一般为能避开激发点附近的干扰,同时也要考虑排列长度。覆盖次数由信噪比决定。

(4)仪器因素的选择。数字地震仪可调节的因素较少。在记录时可对采样率、前置放大器固定增益、滤波低截频等因素进行选择。

第二节 地震勘探的野外观测系统

观测系统:在测线上布置许多炮点和接收点,在炮点上激发地震波,在接收点上接收反射波(或折射波)。要连续追踪反射波,激发点和接收点之间需要保持一定的关系,这种相互位置关系,就称为地震观测系统,简称观测系统。

测线类型:根据激发点和接收点的相对位置,地震测线分为纵测线和非纵测线两大类。激发点和接收点在同一条直线上的测线,称为纵测线,激发点和接收点不在同一条直线上的测线叫做非纵测线。

一、观测系统的术语

检波(接收)道数(N):同一个排列上检波器的个数(图 5-1)。

道间距(ΔX):相邻两个检波器之间的距离。

排列长度(L):第一个检波器到最远检波器的距离 $L=(N-1)\Delta X$。

偏移距(X_1):第一个检波器到炮点的距离,一般为道间距的倍数。

最大炮检距(X_{max}):炮点到最远检波器的距离$=X_1+L$。

激发形式:端点和中间。

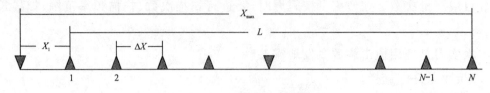

图 5-1 观测系统示意图

二、观测系统的图示法

观测系统一般可用图示法表示,有时距平面图法和综合平面图法。

1. 时距平面图法

时距平面图法是用时距曲线的方法表示观测系统以及它与反射界面的相互关系。如图 5-2 所示,炮点、接收段、时距曲线和反射界面段描述如下:

炮点 O_1,接收段 $O_1—O_2$,时距曲线 1,反射界面段 ab;炮点 O_2,接收段 $O_1 \sim O_3$,时距曲线 2、3,反射界面段 bcd;炮点 O_3,接收段 $O_2 \sim O_4$,时距曲线 4、5,反射界面段 def;炮点 O_4,接收段 $O_3 \sim O_4$,时距曲线 6,反射界面段 fg。

O_1 点激发,O_2 点接收,与 O_2 点激发,O_1 点接收,反射波传播路径相同,方向相反,旅行时间相等,反射点位置不变,都为某点反射波。反射波的这种关系称为互换关系,或叫互换原理。互换时间有:$T_{12}=T_{21}$、$T_{32}=T_{23}$、$T_{34}=T_{43}$。

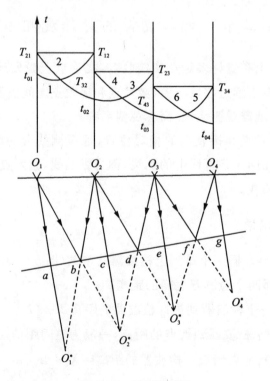

图 5-2 时距平面图

2. 综合平面图法

优点:简单,激发点和接收段的相对位置关系明确。

特点:O_2、O_3 为互换首点,A、B、C 为互换尾点;界面水平时,粗线在测线上的垂直投影是反射点位值,垂直投影的叠掩数是覆盖次数;粗线在测线上的投影是连续的,则对地下的观测也是连续的;垂直粗线照射光线在测线上的投影为接收段,如图 5-3 所示。

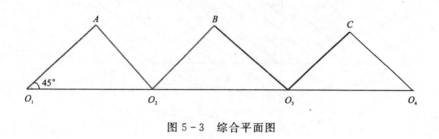

图 5-3 综合平面图

三、观测系统的类型

(1)简单连续观测系统[图 5-4(a)、(b)、(c)]:接收点靠近激发点,能避开折射干扰,便于施工,但面波和声波干扰较大。

(2)间隔连续观测系统[图 5-4(d)]:有偏移距。

(3)延长时距曲线观测系统:可得到障碍物下的界面信息,但不能互换对比,折射干扰、排列长度大于障碍物宽度。

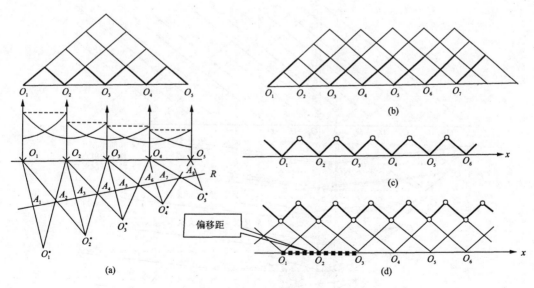

图 5-4 简单连续观测系统

(a)双边激发;(b)单边激发;(c)中间激发;(d)有偏间隔激发

(4)多次覆盖的观测系统。

观测系统:为了获取共反射点道集、压制多次波等特殊干扰、提高信噪比。图5-5和图5-6分别为无偏移距和有偏移距多次覆盖观测系统示意图;表5-1为6次覆盖观测系统表。

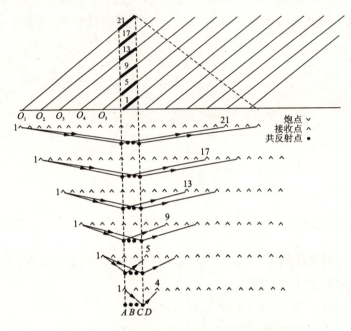

图5-5 无偏移距多次覆盖观测系统示意图

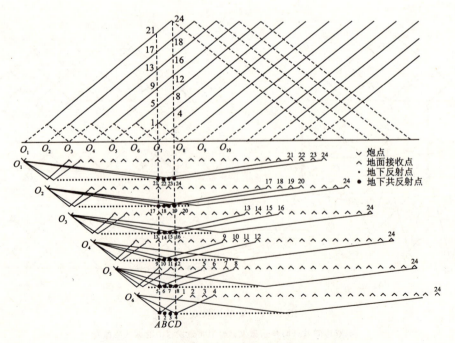

图5-6 有偏移距多次覆盖观测系统示意图

第三节 浅层地震初至折射波法的内业工作流程和要求

表 5-1　6 次覆盖观测系统表

炮次\叠加道号	1	2	3	4	5	6	7	8	9	10	11	12	13	14	15	16	17	18	19	20	21	22	23	24	25	26	27	28	29	30	31	32
1	21	22	23	24																												
2	17	18	19	20	21	22	23	24																								
3	13	14	15	16	17	18	19	20	21	22	23	24																				
4	9	10	11	12	13	14	15	16	17	18	19	20	21	22	23	24																
5	5	6	7	8	9	10	11	12	13	14	15	16	17	18	19	20	21	22	23	24												
6	1	2	3	4	5	6	7	8	9	10	11	12	13	14	15	16	17	18	19	20	21	22	23	24								
7					1	2	3	4	5	6	7	8	9	10	11	12	13	14	15	16	17	18	19	20	21	22	23	24				
8									1	2	3	4	5	6	7	8	9	10	11	12	13	14	15	16	17	18	19	20	21	22	23	24

多次覆盖观测系统中,炮间距计算公式:

$$\gamma = S\frac{N}{2n} \qquad n = S\frac{N}{2\gamma}$$

$S=1$、单边激发,$S=2$、双边激发。覆盖次数 n 总是小于 $N/2$,最高等于 $N/2$。

观测系统参数的选择:要避开声波和面波干扰,确保提高信噪比和分辨率。可供选择的参数有:记录道数(N)、偏移距(X_1)、覆盖次数(n)、道间距(ΔX)。

炮间距为:$\gamma \times \Delta X$。

第三节 浅层地震初至折射波法的内业工作流程和要求

初至折射波法内业工作的发展趋势是利用微机进行自动化解释,但解释员必须了解和掌握解释的方法与步聚。要求同学完成下述解释工作:

(1)根据《水工(浅层)地震勘探规范》对每炮(张)记录进行评价与验收。

(2)进行波的对比和初至走时的判读。除遵循波对比的一般原则外,还应注意互换道上的走时,经校正后其时差不超过 3ms,对于综合时距曲线,则时差不超过 5ms。

(3)各项校正处理包括相位校正、震源深度校正和地形校正。对于初至不清、无法进行初至走时判读的地震道,可利用相位进行对比先读取相应走时,然后减去相位校正值 Δt_0,Δt_0 值可取初至明显地震道的相位与初至走时之差的平均值,也可以取自与其相邻地震道的 Δt_0 值,应根据该记录初至波形的情况而定。对于追逐的记录,允许对比和读取第一个振幅的走时,所读取的各道走时 t 值,要写在每道的左边直线上。

(4)时距曲线绘制。比例尺横坐标上 1cm 相当于 2.5m(1:250);曲线的两点之间用直线连接,对于可疑点,要在其上方标注'?',如发现波被置换,应用符号"["或"]"标注在置换点旁,并要在每条曲线上升端的尾部标注记录的总编号,该炮记录的震源深度值,要标注在横坐标轴相应桩号的下方。互换时间要用直线表示。如互换道走时不等,应取平均值画直线,互换时间值 T 要标在互换时间直线的中间或上方。

(5)确定交点、延长时距曲线和计算有效速度 V_c。利用接收段同侧不同位置激发的折射波时距曲线的平行性,可以确定交点和延长时距曲线。设交点 A 坐标为 (X_A, t_A),则 $V_c = (X_A / t_A)$,要求把 V_c 值标在交点与震源连接的下方。因检波点距 $\Delta X \neq 0$(即检波器不是连续布设),所以交点 A 的位置允许在曲线的"合理区间"内移动。

(6)定量解释。方法有多种,可归纳成正三角形和反三角形两类,前者有 t_0 差数时距曲线法(即 ABC 法)、延迟时法等,它们适用于倾角不大的水平或弯曲折射面,后者有椭圆法(即共轭点法)、哈雷斯法、时间场法等,这类方法解释精度较高,但工作量大,绘制解释辅助线比较麻烦。

本次解释要求采用 t_0 差数时距曲线法,求取折射面的法线深度 h 和折射层的波速 V_2,表达式为:

$$h = \frac{V_c t_0}{2\cos i}/1000 = \frac{V_c V_2 t_0}{2\sqrt{V_2^2 - V_c^2}}/1000 \tag{5-1}$$

$$V_2 = 2\frac{\Delta X}{\Delta \theta} \times 1000 \tag{5-2}$$

式中:$t_0 = t_1 + t_2 - T = t_1 - (T - t_2) = t_1 - \Delta t$;

$\theta = t_1 - t_2 + T = t_1 + (T - t_2) = t_1 + \Delta t$;

$i = \sin^{-1}\dfrac{V_c}{V_2}$;

t_0、t_1、t_2、θ、T 单位为 ms,h 单位为 m,速度单位为 m/s。

在绘制 $t_0(x)$ 与 $\theta(x)$ 辅助线时,要求 $t_0(x)$ 点用"⊙"表示,$\theta(x)$ 点用"×"表示。然后根据"×"点分布的情况,用一条或多条不同斜率的直线画出 $\theta(x)$ 线,并把用式(5-2)式求出的 V_2 值标在相应直线的上方。

(7)绘制折射面。把它画在时距曲线的横坐标轴下方,垂直比例尺可根据覆盖层厚度大小而定,以检波点(测点)为圆心,以式(5-1)计算出的 h 为半径画圆弧,其包络即为待求折射面。绘出折射面后,从图中读出各测点的覆盖层厚度 H(视深度),并把每个测点的 H 值标在地形的相应测点正上方,同时把式(5-2)求出的 V_2 值写在折射层内。

(8)测线交点闭合差(Δt_0 与 ΔH)的检查。要求:$\Delta t_0 < 3$ ms,$\Delta H < 10\%$(当 $H > 10$ m 时),或 $\Delta H < 0.5$ m(当 $H < 10$ m 时),如果超出上述要求,应检查在波的对比时,是否有错。在此基础上考虑在"合理区间"内调整 V_c 值,直至达到上述要求,然后取不同测线在交点上的 H 平均值。

(9)平面图的绘制。把全工区测点展在图上,并标上 H 值,就可以勾绘覆盖层等厚度平面图,如果是绘制折射面高程图,则应把测点的高程减去 H 值以后,再把高程数据标在测点上,然后绘图。

第四节　激发与接收

激发点的表层浮土应予以清除,使用炸药或震源枪激发,要严格遵守《地震勘探爆炸工作安全条例》,井中激发要丈量震源深度;如果采用锤击震源,工作时要求把触发开关与大锤的连接线绕过肩部,以免锤击在连接线上。

检波器的固有频率以 f_0 表示,折射波法一般用 $f_0=10\sim60\,\mathrm{Hz}$ 的检波器,工作时要平稳垂直并准确地紧埋在地面接收点的位置上,并与电缆正确连接,防止漏电、短路、接触不良、极性接反,埋置前先清除浮土及周围杂草。

仪器的参数选择,应根据噪声背景、激发与接收的地震地质条件因素,加以综合考虑。此外,工作时应按《规范》要求,对仪器进行道一致性检查。

第五节　外业工作的注意事项

(1)注意保持仪器清洁,避免受到剧烈碰撞,每天收工后,应及时对仪器和微机的电源充电。

(2)检波器应避免剧烈震动,不工作时,要把其引线上的夹子短路,禁止拖拉引线和大线(电缆线),除仪器操作组的操作员以外其他人未经允许,不得乱动仪器和微机。

(3)操作员应在现场及时分析地震记录,若不符合要求,应查明原因,及时重测。

(4)仪器组要及时在每炮记录纸的左边和微机样盘中登记工区名称、记录总编号、测线与排列号、排列起止桩号、检波点距、震源点桩号和一个排列中激发的先后顺序号、炸药量、震源深度、仪器因素、工作日期、操作员姓名,以及需要说明的情况等内容。

(5)外业分测量、仪器、检波、爆炸 4 个组,由操作员统一指挥,工作期间各就其位,分工协作。实习期间,同学轮流担任仪器操作员、检波工和放炮工。

附件1　RAS-24数字地震仪简明操作手册

一、仪器简介

RAS-24地震仪是美国Seistronnix公司生产的全数字地震仪,它的特点是:①使用方便。基于WINDOWS操作系统,点击式界面。可以进行折射、带覆盖的二维反射或三维反射。②数据质量的一致性好。③减少野外设置时间。利用检波器阻抗、脉冲相似性和电缆漏电测试能够很容易地查找到有问题的检波器和断续不通的电缆的位置,最大限度地提高效率,避免采集到不合格数据。④可扩展。把RAS-24连接到一台笔记本电脑上,就是一台非常轻便的24道折射或反射地震仪。将多台连成就是一台多道的带覆盖的二维分布地震仪。⑤高级系统软件。可以很清楚的看到爆炸点、覆盖方向、在线的接收道总数和工作道的位置等显示。⑥RAS-24采用3种接口。包括连接电脑和单个RAS-24的接口、连接两个以上的RAS-24的USB-100型USB接口和USB-200型USB接口(可选)。RAS数字地震仪如图1所示。

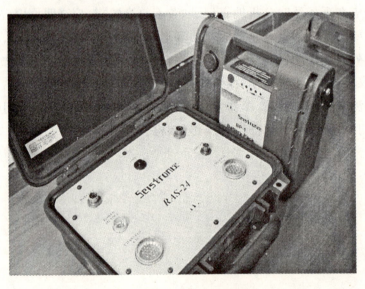

图1　RAS-24数字地震仪

二、RAS-24仪器主要技术指标

1. 系统

通道数:每个RAS-24有12或24道。

附加道：每个系统最多可达 10 个 24 道 RAS-24 模块（240 道）。

采样间隔：0.125ms,0.25ms,0.5ms,1ms,2ms 和 4ms。

记录长度：4ms—64s,2ms—32s,1ms—16s,0.5ms—8s,0.25ms—4s,0.125ms—2s。

CDP 操作：自动或手动滚动。

叠加：用笔记本电脑或用每台 RAS-24 的垂直叠加。

电缆：用于系统的标准 1 头道电缆，用于 24 道系统的用 2 根 12 头电缆。

最大 RAS 间隔：5000ft。

记录格式：SEG-2,SEG-D8038,SEG-D8058。

RAS 数据电缆：两盘。

2. RAS 模块

道数：12 或 24。

A/D 分辨率：24 位。

放大器增益（PG）：12dB,24dB,36dB 或 48dB,可选择遥控。

响应频率：0.125ms 时：2—2000Hz,0.25ms:2—1650Hz,0.5ms:2—825Hz,1ms:2—412Hz,2ms:2—206Hz,4ms:2—103Hz。

动态范围：120dB@4msPG＝12dB,117dB@2msPG＝12dB。

畸变（THD）：25Hz 时小于 0.005%，采样间隔 2ms。

串音：道间大于 90dB 的绝缘。

CMR：90dB@60Hz。

最大输入信号：0.88V RMS(12dB 时),55mV RMS(36dB 时)。

输入噪声：0.21mV RMS(在 2ms,PG＝36dB 时) 1.6mV RMS(2ms,PG＝12dB 时)。

去假频滤波器：4ms 103Hz,2ms 206Hz,1ms 412Hz,0.5ms 825Hz,0.25ms 1650Hz,0.125ms 3300Hz。

测试振荡器：10Hz,25Hz,50Hz,60Hz,100Hz,125Hz,200Hz,250Hz,振幅可在以 10mV 间调整。

仪器测试：内部数字式测试,电池电压,内部电压,干扰,放大器脉冲,CMR,放大器噪声,动态范围,增益和相位相似性,通信,触发检验。

连接装置：2 个 27 针 NK-27-21C 连接器连接检波器道电缆,3 针 Bendix 连接触发器,2 个 6 针 Bendix 为数据传输,3 针 Cannon 为连接电源。防水 Bendix 连接器为信号输入可选用。

三、RAS-24 控制软件的安装及运行环境

笔记本通过 PCMCIA 或 USB 接口与笔记本连接。安装系统软件的时候没有必要连接 RAS-24 到电脑。

1. 电脑要求

RAS-24 要求电脑配置为 Windows98,98SE,ME,2000 或 XP,至少 16MB 的内存,一个未使用过的序列端口(低速连接 12 或 24 道单元),PCMCIA 型 1 插槽或 USB 接口。

2. 安装系统软件

插入 RAS 系统软件到 CD 驱动器。如果笔记本启动自动插入通知,安装系统会自动运行。否则,可使用 Windows Explorer 在 D:drive 上定位文件设置.exe 点击;也可在 Start(开始)菜单下选择 Start/RunD:setup.exe。

四、仪器各部件连接

1. RAS-24 的硬件安装

RAS-24 有 3 个可行接口:标准 PC RS-232 序列,HS-200PCMCIA 接口,USB-100/200USB 接口。RAS-24 附带连接 PC 的序列端口。高速端口和 USB-100/200 接口为可选,能提高 RAS-24 数据传输的速度,减少数据采集的时间。如果使用多台箱子,则必须使用 HS-200 高速端口或 USB-100/200 接口。(序列端口仅支持单个 RA324。)

2. RAS-24 序列端口

标准序列端口以 115.2kbs 连接 RAS-24,适合 12 道和 24 道。使用提供的序列电缆连接 RAS 到电脑序列端口。序列端口连接器通常为 9 针连接器(DB-9),连接电缆的另一端到 RAS-24 的 Data Out 连接器。

3. USB 接口

RAS-24 系统由 3 个或更多的箱子组成,若选 USB 接口与 HS-200 相比能增大 60%到 80%的数据传输速度。注意:USB-100/200 接口不能在 Windows95 下操作安装接口,连接 4 针 Bendix 连接器到 USB 接口箱,然后连接 USB 的 A 连接器到笔记本的 USB 端口。当连接 USB 接口到笔记本电脑的时候,先插入 4 针 Bendix 连接器到接口箱之后再插电缆到笔记本的 USB 端口,这样能保证 USB-100/200 接口供电的连续性。连接蓝色电缆(6 针 Bendix 连接器电缆)到接口箱的另外一个连接器,电缆的另外一端到 RAS-24Data Out 连接器。你可随时连接 RAS-24 到笔记本,不管笔记本或 RAS-24 是开机或关机。

五、RAS-24 主要功能键

运行 RAS-24.exe 进入主界面(图 2)。主窗口显示说明如图 2 所示,主控制系统各部分菜单如图 3 所示。

1. 设置数据传输通讯端口

在主采集菜单界面上,点击 Setup 下拉菜单下的 RAS Communication 菜单,进行数

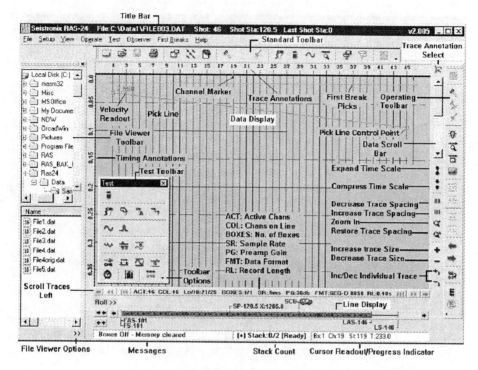

图 2 主窗口显示说明图

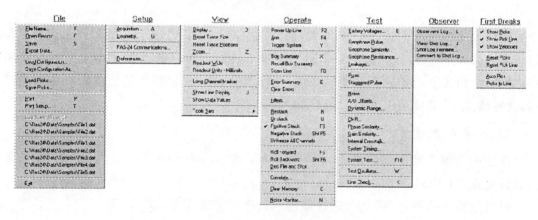

图 3 控制系统各部分菜单图

据传输通讯端口设置(图 4)。

RAS-24 与电脑交流的方式是使用 3 种接口：

(1)标准序列端口，数据率为 115kbs。

(2)HS-200 高速 PCMCIA 接口，数据率 2.45Mbs(仅适合 Windows98/ME)。

(3)USB-100/200 高速 USB 接口，数据率 2.45Mbs。

标准序列端口适合 12 道和 24 道，运行较短记录长度，不能供多个 RAS-24 使用。如果是多个 RAS,且记录长度较长时，建议使用 HS-200 或 USB-100/200 接口，RAS 和 RAS 之间的通讯是使用一个特殊的高速序列连接，使其能在远距离条件下高效高速交

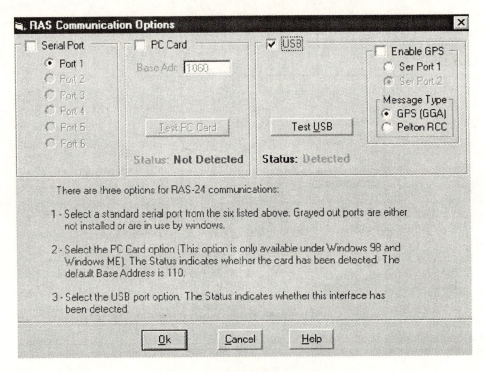

图 4 数据传输通讯端口设置界面

流。RAS 的通讯选择可在图 4 中设置,改变或检验当前设置,在 Setup 菜单上选择 RAS-24communication。用标准的 RS-232 序列端口连接 RAS-24,笔记本上须有未使用的序列接口。很多笔记本只有一个序列端口,标为 Portl,比较新的笔记本没有序列端口可用,这种情况下,需要一个 USB 端口适配器。

2. 采集参数设置

在主采集菜单界面,点击 Setup 下拉菜单下的 Acquisition 菜单进入 RAS-24 的采集参数设置窗口(图5)。

可通过点击选择选项,也可通过按键,如:选择 File 菜单,按 Alt F。

必须指定的采集参数为:

Sample Rate(采样率)。

stack count(叠加数)。

Pre Amp Gain(前置放大器增益)。

Record Length(记录长度)。

Auto Arm(自动准备)。

Auto Save(自动保存)。

Increment File After Shot(激发之后的增加文件)。

Triggering(触发)。

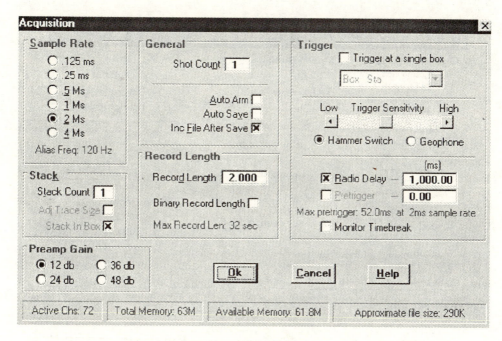

图 5　RAS 采集参数设窗口

3. 设置接收通道参数

从 Setup 菜单的 Geometry 中可改变接收通道参数,或者在标准工具栏中点击相应图标,出现如图 6 所示窗口。

Channels(道数)

channels on Line(排列上的道数)

设置排列上通道的总数。通常以 24 道均匀增长(如:24,48,120,192 等)。可记录从一道到所有道的数据。实际记录的道数由激活的道数决定。

Active channels(激活道数)

为实际记录数据的道数,激活道数必须少于或等于排列上的道数。

4. 输入文件名和地震数据存储格式

RAS 产生的地震记录会保存在计算机的硬盘里,每一个文件名必须是唯一的。在 File 菜单下选择 File Name 或者是按 F 键或者点击工具栏中的相应图标,进入如图 7 所示界面。

Auto save(自动存储),如果自动存储可行,RAS 会立即自动存储数据到 File 菜单的 File Name 里。注意:当自动准备可行之后,自动存储也会可行。Increment File After Shot(射击之后的增加文件),当该功能可行时,每一个锤击后(计划叠加数之后),文件名会自动增加。例如,当前的文件名为 LINE0012.DAT,下一个锤击时,文件名会自动增加到 LINE0013.DAT。注意:当自动激发启动之后,该功能也可行。尽管 RAS 可由字母和数字显示,但是建议文件名至少有 3 个数字,由 A~Z,0~9 组成。

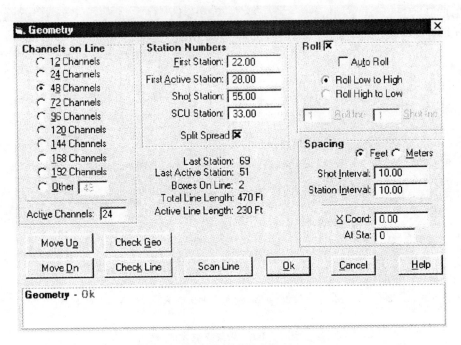

图 6　RAS 接收道设置窗口

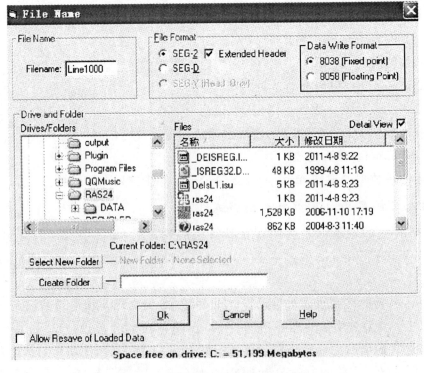

图 7　文件名及存储格式输入界面

File Format(文件格式)。

(1)SEG-2：选择 SEG-2 格式写数据文件，RAS 读写 32 字节固定点 SEG-2 数据文件。

(2)SEG-D：RAS-24 能以 8038 32 字节的固定点格式或 8058 32 字节浮动点格式写文件。累计记录通常以 8038 的浮动点格式记录。读数据时，RAS 决定数据的格式。当前 RAS-24 能读 8038,8048 和 8058SEG-D 数据格式。

Allow Resave of Data(允许数据重存)。

该功能可下载文件，然后以一个全新的格式存储。例如文件初始记录为 SEG-2 格式，可再存为 SEG-D 格式，或者已带 extended Header 的记录，不再重存一遍。

(1)下载文件之前，选择 File 菜单下的 File name ，点击 allow Resave of Data 。

(2)选择文件夹存储该文件。点击 OK 退出。

(3)在 File 菜单下选择 File OPEN。

(4)在 File 菜单下选择 Save 保存。

5. 地震数据的显示

地震数据显示在主窗口的 Data Display 区，如图 8。能同时显示高达 360 道的数据。数据可以以波形曲线、波形变面积、阴影变面积和变面积模式显示。道数较多时使用波形曲线会最快显示。在 View 菜单下选择 Long Channel Marker 整个曲线会重点显示。一个击发之后，或已下载一个记录，图像平均曲线空间，自动调节显示振幅。如果曲线间隔或者振幅被改变，在 View 菜单选择 Reset Trace Position 和 Auto Adj. Trace size 可重新保存初始设置。

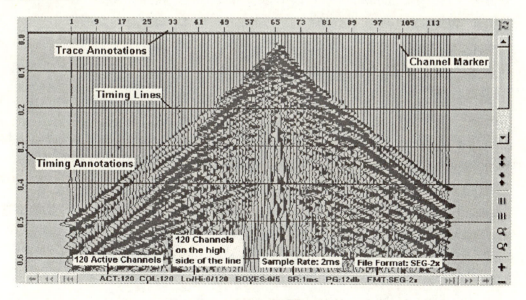

图 8 地震数据显示窗口

6. 主要操作功能键

Power up line(启动排列)

启动线以检测几何图。按 F2 或者在 OPERATE 菜单下选择 POWER UP LINE,或者点击快捷图标键,所有在线仪器都有反映,任何没有反映的仪器都会在 LINE DISPLAY 中以红旗标记,并在 Error Summary 中显示。

Arm(激发)

在 OPERATE 菜单下选择 F4 或点击工具栏下的相应图标。触发器有效,且系统等待触发事件。若再按 F4,在 OPERATE 菜单下选择 Arm,按 ESC,或者在工具栏下按相应键都可取消激发。

Trigger System(系统触发)

该键可开始采集循环。选择该功能,笔记本启动排列,数据采集盒,触发系统,收集数据显示结果。在 Operate 菜单下选择 Trigger System 或按 Y 键,启动该功能。

Scan Line(扫描排列)

扫描线自动确定排列上的数据采集盒数(即地震仪台数)可简化系统设置。在主显示屏下按 F8,从 Operate 菜单里面选择 Scan Line,或者点击工具栏相应快捷键可运行该功能。

Error Summary(误差总汇)

启动该功能,数据传输过程中发生的任何错误都能在该显示屏中显示。

Clear Errors(清除错误)

清除显示在 Error Summary 窗口或 Line display 红色标志的错误。

Filters(滤波器)

Restack(选择叠加)

使用选择叠加可删除已增加的叠加。重新叠加,在 Operate 菜单下选择 Restack,或按 R 键或点击相应工具键。

Unstack(不叠加)

从内存中删除最后一个叠加。在 Operate 菜单下选择 Unstack 按 U 键,或点击相应工具键。

Positive Stack(正叠加)

增加后一个激发到当前激发,第一个激发通常是正叠加。在 OPERATE 菜单下选择 Positive Stack,按 F5 键,或者点击工具栏相应快捷键可运行该功能。

如果要从当前激发中减去下一个激发,选择 Negative stack(负叠加)。

Unfreeze All Channels(解冻所有通道)

单个通道可通过右键点击曲线注释区的通道,选择"Freeze Stacking on channel:X"来冻结。一旦该通道被冻结,所有数据都不会在该通道被叠加。所有通道可通过点击"Unfreeze All"来解冻,或者在 Operate 菜单下选择 Unfreeze All Channels。

Roll Forward(向前滚动)

从 Operate 菜单下选择 Roll Forward,按 F6 键或者点击工具栏相应快捷键可运行该功能。

Roll Backward(向后滚动)

从 Operate 菜单下选择 Roll Backward,按 Shift F6 键或者点击工具栏相应快捷键可运行该功能。

Dec File and Shot(减少文件和激发)

逐个减少文件和激发数。选择该功能可重复已保存到磁盘的失败的激发。注意:该功能不能减少字母数字字符,因此建议在你的文件名后面包括数字(例如:FILE001.DATA)。

Clear Memory(清除内存)

从内存中清除最后一个激发文件,一个已载文件或测试数据。在 Operate 菜单下选择 Clear Memory,按 C 键。或者点击相应图标键可运行该功能。激发以后,如果内存中有未保存的激发记录,清除内存时 RAS 会提示,否则,数据会自动被清除以准备下一次激发。

Noise Monitor(噪声监视器)

在 Operate 菜单下选择 Noise Monitor,按 N 键,或者点击相应图标键可运行该功能。注意:当噪声监视器有效时,RAS 被启动且正在采样,所以能耗会比较多。

7. RAS 系统测试

RAS 提供比较全面的测试,已保证 RAS、检波器和电缆正常工作。主要测试功能如下:

Battery Test(电池测试)

测量线上所有 RAS 的电池电压,并显示结果。

Geophone Pulse Test(检波器脉冲测试)　　Amplifier Pulse Test(放大器脉冲测试)

Geophone Similarity Test(检波器相似度测试)

Geophone Resistance Test(检波器阻力测试)　　A/D offset Test(A/D 消除测试)

该测试测量线上激活部分的所有通道的 A/D 转换器的输入抵消电压,显示结果。

Amplifier CMR Test(放大器共模抑制测试)

Amplifier Noise Test(放大器噪声测试)　　System Timing Test(系统定时测试)

Phase Similarity Test(相位相似度测试)　　Gain Similarity Test(增益相似度测试)

Internal Crosstalk Test(内部交流测试)　　Dynamic Range Test(动态范围测试)

六、RAS-24 操作注意事项

(1)操作控制软件运行的语言环境必须是英语(美国)。从计算机区域语言设置中选择。

(2)仪器各部件连接好之后,运行操作软件后必须选择好数据传输通信端口 COM 口或 USB 口。并检测其连通与否。

(3)仪器系统状态整体自检。

(4)必须断开仪器电源以后才能拆卸仪器其余连接线。

附件 2　Geode 地震仪操作手册

一、仪器简介

GEOMETRICS 公司生产的 Geode96 浅层地震仪（相当于 4 套独立的 24 道浅层地震仪）能满足折、反射地震勘探、井间勘探、面波调查等地震监测需要，应用 Crystal 公司的 A/D 转换器和高速过采样技术达到了 24 位地震仪的精度。频带从 1.75Hz 到 20 000Hz，采样间隔可以从 20μs 到 16ms。采集的数据保存在 32 位的叠加器中，然后传回到主机的硬盘或其他介质上。Geode 包装坚固、防水、防震，有提手，重 4.1kg，用 12V 的外接电池可以连续工作 10 个小时（图 1）。

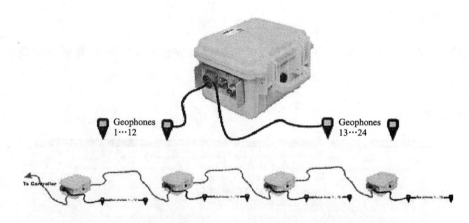

图 1　Geode 工作连接示意图（上图为单台，下图为多台连接）
（据 GEOMETRICS 公司提供的 Geode Manual）

二、仪器主要技术指标

(1) A/D 转换器：采用 Crystal 半导体公司 24 位 A/D 转换器。
(2) 动态范围：在 2ms 采样 24 位时，达到 144dB（系统），110dB（瞬态测量）。
(3) 畸变：2ms 采样，1.75～208Hz，0.000 5%。
(4) 通频带：1.75Hz～20kHz，低频区域可选。
(5) 共模抑制：>100dB（≤100Hz．36dB）。
(6) 道间串音：-125dB（23.5Hz．24dB，2ms）。
(7) 噪声背景：2ms，36dB、1.75～208Hz 条件下，射频干扰<0.20V。

(8)叠加开关精度:采样率的1/32。

(9)最大输入信号:2.8V峰一峰值。

(10)输入阻抗:20Kohm,0.02f。

(11)前放增益:厂方以4道一组由软件成对可选12和24dB或24和36dB。

(12)去假频率波:在Nyquist频率的83%处为-3dB下至0dB。

(13)采样间隔:0.02ms,0.031 25ms,0.062 5ms,0.125ms,0.5ms,1.0ms,2.0ms,4.0ms,8.0ms,16.0ms。

(14)采集和显示滤波器。

① 低截:输出 10Hz,15Hz,25Hz,35Hz,50Hz,70Hz,100Hz,140Hz,200Hz,250Hz,400Hz,Butterworth 滤波器,每倍频 24 或 48dB。

② 陷波:50Hz,60Hz,150Hz,180Hz 压制 50dB 以上中心频率 2% 宽度。

③ 高截:输出 250Hz,500Hz 或 1000Hz 每倍频 24dB 或 48dB 滤波频率用户可选。

(15)记录长度:标准 16 384 样点,也可选 65 536 样点。

(16)延时触发:最大 4 096 样点。

三、软件的注册

GEODE 的采集控制软件需要注册,在安装软件完成后,计算机桌面会出现快捷方式

注册首页如图2。

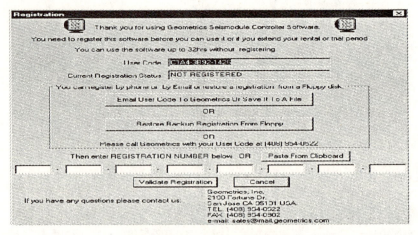

图 2 采集控制软件注册界面图

软件在没有注册的情况下,可使用100h。提供用户码 USER CODE 到 GEOMETRICS 或劳雷公司会提供注册码。

四、仪器的连接

首先连接 GEODE，然后电源输入，连接到 12V 电源，建议采用 17～20Ah 电池可满足 10h 不中断采集，将数传线连接口连接到计算机，如图 3 所示。按图 3 将 Geode 和 Laptop 连接。

图 3 多个 Geode 连接示意图

连接检波器：注意 Y 型转换电缆前后 12 道插头是有区别的。

五、仪器主采集菜单

运行桌面快捷方式 图标，出现如图 4 所示操作主操作界面：

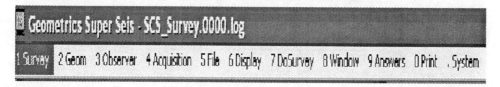

图 4 主窗口界面菜单

各主菜单功能如下：

(1) SURVEY：测点名称，测线号的输入。

(2) GEOM：排列设置。输入炮点，检波器点的桩号，道间距，炮间距及排列滚动方式（图 5）。

(3) OBSERVER：备注。输入天气，仪器操作员等信息。

(4) ACQUISITION：采集参数设置。采样率、记录长度、采集滤波器、叠加方式、采集道/无效道设置、前放增益的设置。

(5) FILE：文件。设置地震数据文件名，存储的文件夹，数据文件格式，及回放读取数据。

(6) DISPLAY：显示。调整显示方式，包括调整单炮记录的显示方式、频谱显示方式等。

(7) DOSURVEY：测量。这个菜单使用率最高，是否容许放炮、清除内存、存盘、打印、手动排列滚动、操作快捷键。

(8) WINDOWS：调整显示窗口。

(9) ANSWER：折射解释。

(10) PRINT：调整打印方式。

(11) SYSTEM：系统。调整仪器时间、日期、触发方式、检波器测试、内触发、仪器关机等。

六、各主菜单操作功能及细则

(1)SURVEY。在主菜单 SURVEY 下可以完成如下功能。

SURVEY NAME:输入测量名称,也就是日志文件名。

INITIAL LINE NUMBER:初始的测线号。

INITIAL TAPE LABLE:初始磁带卷标。

(2)GEOM。排列参数设置(图5),在主菜单 SURVEY 下可以完成如下功能。

①SURVEY MODE:测量方式。

②GROUP INTERVAL:检波器道间距。

③GROUP/SHOT LOCATIONS:检波器/炮点桩号设置。

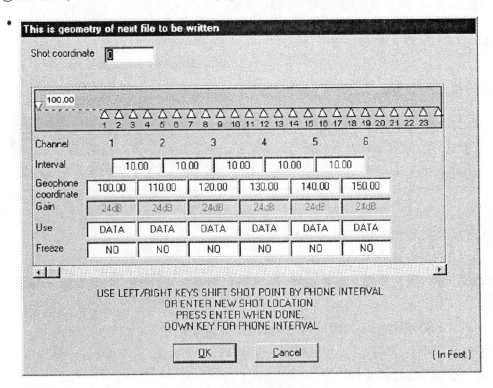

图5　排列参数设置窗口图

SHOT COORDINATE:输入炮点桩号。

INTERVAL:输入道间距(如果道间距不等的话)。

GEOPHONE COORDINATE:检波器桩号。

GAIN:前放增益(另有菜单设置,见采集菜单)。

USE:地震道使用情况(可在采集菜单设置)。

FREEZE:冻结。冻结地震道数据,不参与叠加,保护数据。

ROLL PARAMETER：排列滚动方式设置。一般情况下,炮点和检波点同步滚动,排列可向右滚(大号),或向左滚(小号),可以自动滚动,但是文件必须自动存盘。

排列参数设置完成后会显示排列方式、触发位置(炮点桩号)、显示激活采集道和不采集道(图6)。

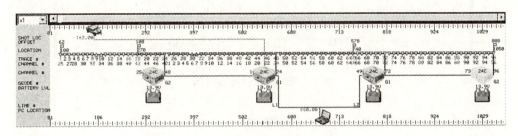

图6　排列设置显示窗口图

(3) OBSERVER：备注。编辑仪器操作注示,操作员名字,天气情况等。

(4) ACQUISITION：采集参数设置(图7)。在主菜单ACQUISITION下可以完成如下功能：

① sample interval /record length.：采样率/记录长度设置。

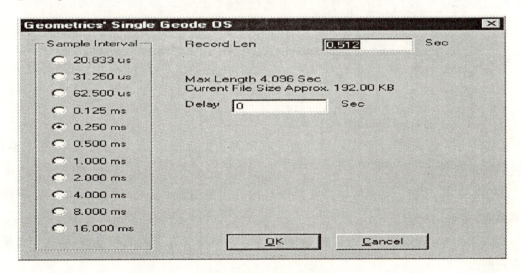

图7　采集参数设置窗口图

SAMPLE INTERVAL：采样率。地震波所采集的高截频。

RECORD LENGTH：记录长度。

DELAY：记录延迟。

② ACQUISITION FILTER：采集滤波。仪器有两个滤波器,可选择低切、高切、陷波滤波器,滤波器陡度－24dB/倍频程,也可将两个滤波器选择相同频率,则陡度增加一倍(－48dB/倍频程)(图8)。

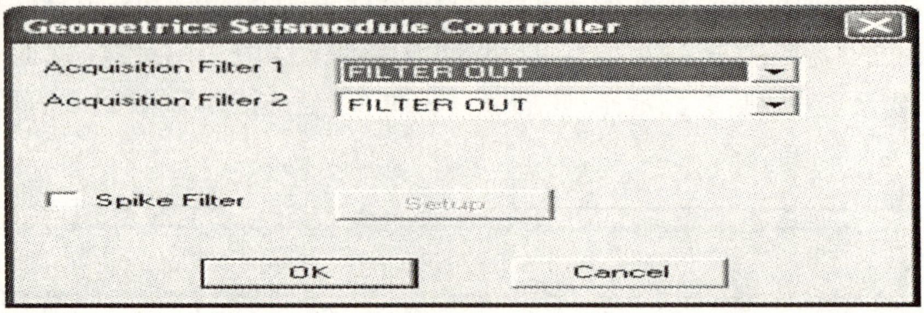

图8 滤波参数设置窗口图

③ STACK OPTION：叠加方式选择（图9）。

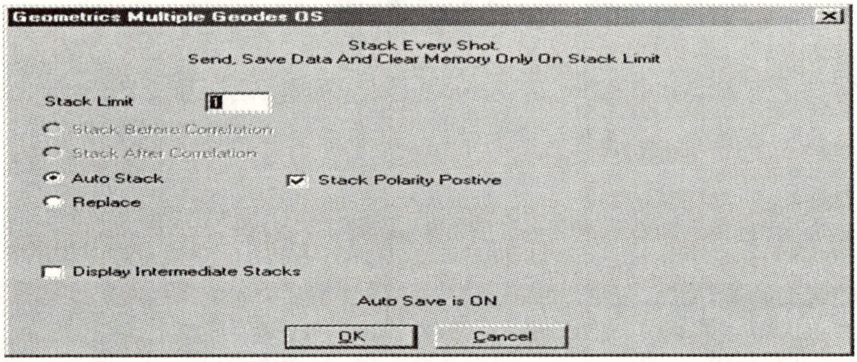

图9 叠加方式选择设置窗口图

STACK LIMIT：叠加极限（叠加次数）。

AUTO STACK：自动叠加。仪器自动将地震数据叠加到上次（相同炮点）的数据中，以达到提高信噪比。

REPLACE：替换。地震数据将替换原有内存中的数据（不进行数据叠加），在采用炸药震源时，多采用此方式。

STACK POLARITY POSTIV：叠加极性。可更换所有道的信号极性，如初至首波正跳或负跳。

④ SPECIFY CHANNELS：设置特殊道。可关闭某些不使用的道，如测井可能只使用6道。用1输入为地震数据道，2为辅助道，4为无效道（即关闭该道）。

⑤ PREAMP GAINS：设置地震道前放增益。输入3放大为24dB，4为36dB，在图5窗口中输入。在所有的采集道数中，可设置部分道数前放增益24dB，而另一部分为36dB。

⑥ STACK POLARITY：可正也可负，即地震记录首波可正起跳，也可负起跳。

(5) FILE：文件管理（图10）。在主菜单FILE下可以完成如下功能：

① STORAGE PARAMETERS：存储参数。

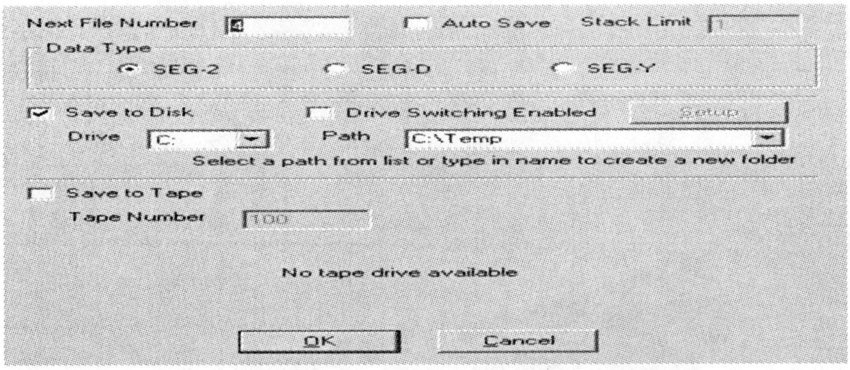

图 10　文件管理设置窗口图

NEXT FILE NUMBER：下一个地震记录的文件号。

AUTO SAVE：自动存盘，可以选择设置。

STACK LIMIT：在选择自动存盘的情况下，输入叠加次数，在激发达到输入的次数后，仪器自动存盘。

DATA TYPE：数据文件的格式，SEG－2，SEG－D 和 SEG－Y 均为国际标准地震格式，其中 SEG－D 和 SEG－Y 在石油及煤田勘探领域更多使用。工程一般使用 SEG－2。

SAVE TO DISK：存盘。DRIVE：存在哪个硬盘上；PATH：存储的文件夹。

SAVE TO TAPE：如果有磁带机。选择将数据记录在磁带上，选择此项。

② READ DISK：数据回放。查看以前采集的数据进入数据存储的文件夹，选择文件。

(6) DISPLAY：显示方式（改变此菜单的任何选项，只是改变显示方式，不会改变地震数据）。在主菜单 DISPLAY 下可以完成如下功能：

① SHOT PARAMETERS：单炮记录显示参数。

DISPLAY BOUNDRY：显示地震的起始道和终了道起始时间和终了时间。

GAIN STYLE：增益设置。

FIX GAIN：固定增益。

AGC：自动增益控制。在设置自动增益控制时，需要输入 AGC 窗口，此窗口将提供 AGC 增益计算调整的窗口。

NORMALIZE：归一化的显示方式。

TRACE STYLE：调整显示方式。

VARIABLE AREA：变面积显示方式。波性正向涂黑见图 11。

WIGGLE TRACE：波形以轨迹方式显示。目前用户较少使用此方式。

SHADED AREA：阴影显示方式。此显示方式用户使用较少。

DISPLAY GAIN：显示增益设置。显示增益调整方式有 4 种方式：

AUTO SCALE TRACES：自动调整幅度。

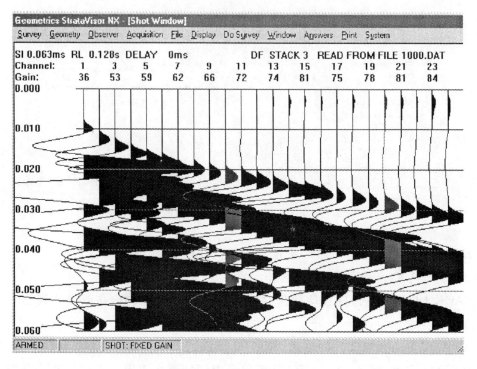

图 11 变面积显示方式图

ADJUST ALL：调整所有的道。手动调整所有道的幅度，如图 12 所示。上箭头增加，下箭头减少，每次 3dB。

INDIVIDUAL：分别调整每道的幅度，如图 13，上下箭头增加或减少幅度，左右箭头改变道数。

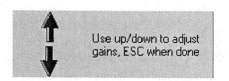　　　　

图 12　手动调整所有道幅度图标　　　　图 13　分别调整每道幅度图标

DISPLAY FILTERS：显示滤波，可对地震记录进行滤波。

OFF 为不加滤波器。

ENABLE DISPLAY FILTER：启动显示滤波器。

ROLL－OFF：滤波器的陡度。

HIGH CUT：高切。LOW CUT：低切。NOTCH：陷波器（中国 50Hz 工频）。

② SPECTRA PARAMETERS 频谱参数设置。

DISPLAY BOUNDARY：调整显示起始道和终了道的频谱及频谱频率范围。

ANALYSIS PARAMETERS：频谱计算的方式。

③ NOISE MONITOR PARAMETERS：噪音监视的参数。通常此参数以快捷键方式设定，如 5mV 表示相临道的幅度为 5mV。此参数越小，说明测线噪音背景越好。

④ GEOMETRY TOOL BAR DISPLAY SETTING：调整显示排列工具窗口的参数。

(7) DO_SURVEY 测量：窗口经常使用（图 14）。在主菜单 DO_SURVEY 下可以完成如下功能：

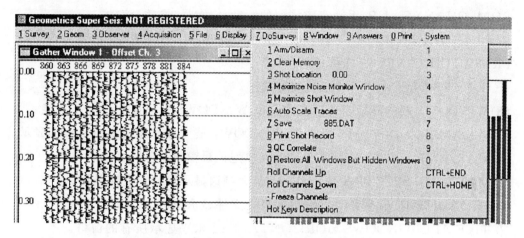

图 14 测量窗口界面图

① ARM/DISARM：ARM 准许放炮，同时仪器状态栏为绿色。DISARM 不准许放炮（仪器没有准备好，不接受触发），仪器状态栏为红色。

② CLEAR：内存清零。清除内存内的数据，准备新数据进入。

③ SHOT LOCATION：确认炮点桩号。

④ MAXIMIZE NOISE MONITOR WINDOWS：仪器全屏显示实时噪音监视窗口，以便易于观察，见图 15。

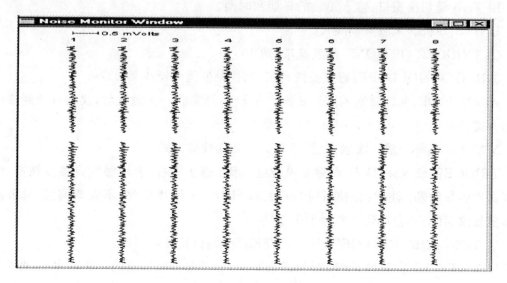

图 15 噪音监视窗口界面图

⑤ MAXIMIZE SHOT WINDOW：最大炮记录窗口。全屏显示炮纪录。

⑥ AUTO SCALE TRACE：自动调整信号幅度。

⑦ SAVE：存盘。

⑧ PRINT SHOT RECORD：打印炮记录。

RESTORE ALL WINDOWS BUT HIDDEN WINDOWS：恢复所有的显示窗口。

ROLL CHANNEL UP：手动完成排列的滚动，向大号（右边）滚动。

ROLL CHANNEL DOWN：手动完成排列的滚动，向小号（左边）滚动。

FREEZE CHANNELS：冻结地震道。

HOT KEYS DESCRIPTION：快捷键描述。

(8) WINDOWS 调整显示窗口。在主菜单 WINDOWS 下可以完成如下功能：

① MAXIMIZE NOISE MONITOR WINDOW：最大噪音监视窗口。全屏显示。

② MAXIMIZE SHOT WINDOW：最大单炮记录窗口。全屏显示。

③ MAXIMIZE SPECTRA WINDOW：最大频谱显示窗口。全屏显示。

④ MAXIMIZE LOG WINDOW：最大日志文件显示窗口。

⑦ TILE ALL WINDOWS HORIZONTALLY：水平显示所有的窗口。

⑧ TILE ALL WINDOWS VERTICALLY：垂直显示所有的窗口。

VIEW GEOMETRY TOOL BAR：显示或关闭排列工具窗口。

VIEW NOISE MONITOR WINDOW：显示或关闭噪音监视窗口。

VIEW SHOT WINDOW：显示或关闭炮记录的窗口。

VIEW SPECTRA WINDOW：显示或关闭频谱窗口。

(9) SYSTEM 系统。在主菜单 SYSTEM 下可以完成如下功能：

① SET DATE/TIME/UNITS：设置日期/时间/单位。

用 TAB 键切换窗口，输入正确的日期和时间。

UNITS：单位。米或英制英尺。

② TRIGGER OPTIONS：触发选项（图 16）。

TRIGGER HOLDOFF：触发保持时间，两次触发间隔至少要 0.2s。

ARM MODE：准许放炮的方式选择。AUTO 每完成一次触发后，仪器自动到准许放炮的方式。

MANUAL：每完成一次触发后，手动选择准许放炮方式。

TRIGGER SENSITIVITY：触发灵敏度调整。键头靠右，表示触发灵敏度越高，也即是仪器越容易触发。注意：在使用锤击开关和 HVB-1 爆炸机时，不需要调整，只有用检波器触发仪器时，才会用到调整触发灵敏度。

③ TEST：测试，RUN GEOPHONE TEST 测试检波器通断。

UPDATE ACQUISITION BOARD BIOS 升级仪器采集板的固化程序。（此项不建议用户自己完成。）

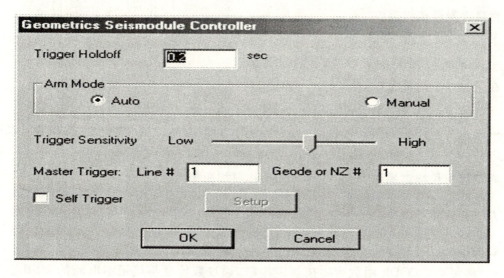

图 16　触发选项窗口界面图

④ SELECT REPEATER BOARD。

为了加大采集站的数据传输距离，可以把一个采集站的地震道采集功能关闭，使其成为一个只完成数据传输的功能。

⑤ SERIAL I/O：串口输入/输出：可在仪器串口接入 GPS，同时仪器还可通过串口输出信息，如文件号。

⑥ MANUAL TRIGGER：手动触发。触发仪器测试。

⑦ CONFIGURATION STATUS：配置状态。显示采集板的配置状态及固化软件等信息。

⑧ ALARM SETUP：提醒鸣叫设置，如硬盘接近 90% 数据存满。

七、快捷键描述

快捷键要在屏幕没有其他菜单激活的情况下使用。（在当前窗口直接按相应数字键。）

1　ARM/DISARM：准许放炮触发/不准许触发切换。

2　CLEAR：清除内存。

3　SHOT LOCATION：确认或修改炮点桩号。

4　MAXIMIZE NOISE MONITOR WINDOW：最大噪音监视窗口。

5　MAXIMIZE SHOT WINDOW：最大炮记录窗口。

6　AUTO SCALE TRACES：自动调整道幅度。

7　SAVE：存盘。

8　PRINT SHOT RECORD：打印单炮记录。

0　RESTORE ALL WINDOWS：恢复显示所有的窗口。

在最大噪音监视窗口：

↑ 上箭头,增加道间灵敏度。

↓ 下箭头,减小道间灵敏度。

在最大单炮记录窗口：

→ 右箭头,调整所有道的幅度,↑增加幅度,↓减少幅度。

← 左箭头,单道调整道幅度,↑↓上下键头,增加/减少幅度,← → 左右箭头改变道数。

熟记以上快捷键操作方式,将使您的操作更加简单、快速。

八、注意事项

在阅读完仪器操作说明书的前提下,按如下步骤操作：

(1)将每个 GEODE 用数传线按规定串联,通过数传盒与笔记本电脑的 USB 接口连接。

(2)将每个 GEODE 接上 12V 电源。

(3)触发开关接到与笔记本相连的第一个 GEODE 上。

(4)将数传盒上的开关置于 POWER UP 处。

(5)启动采集控制程序,并按工作需要设置好各项参数,然后进行正常数据采集工作。

(6)在退出采集控制程序之前,应将数传盒上的开关置于 POWER DOWN 处。

(7)依次卸下各连接线并清理整齐。

(8)必须注意的是：在正常工作过程中,任何时候移动数传线与 GEODE 的连接头时,必须退出采集控制程序。另外 Y 型头上有红色标记的与 GEODE 的前 12 道相连接。

参 考 文 献

郭绍雍. 应用地球物理教程——重力　磁法[M]. 北京:地质出版社,1999.
国家石油和化学工业局. SY/T 6055—2002　重力、磁力、电法、地球化学勘探图件[S]. 北京:石油工业出版社,2002.
刘天佑. 应用地球物理数据采集与处理[M]. 武汉:中国地质大学出版社,2004.
曲赞,李永涛. 探测未爆炸弹的地球物理技术综述[J]. 地质科技情报,2006,25(3):101-104.
石油天然气总公司. SY/T 577—95　地面磁法勘查技术规程[S]. 北京:石油工业出版社,1995.
谭承泽,郭绍雍. 磁法勘探教程[M]. 北京:地质出版社,1984.
王宝仁,王传雷. 重力磁法实验实习教学指导书[M]. 北京:地质出版社,1992.
王家生. 北戴河地质认识实习指导书[M]. 武汉:中国地质大学出版社,2004.
武汉地质学院,成都地质学院,河北地质学院,合肥工业大学合编. 应用地球物理学——磁法教程[M]. 北京:地质出版社,1980.
喻忠鸿,王传雷等. 磁法探测炸弹有效深度的物理模拟试验及分析[J]. 工程地球物理学报,2007(2):118-122.
张胜业,潘玉玲. 应用地球物理学原理[M]. 武汉:中国地质大学出版社,2004.
中华人民共和国地质矿产部. DZ/T 0071—93　中华人民共和国地质矿产行业标准　地面高精度磁测技术规程[S]. 北京:中国标准出版社,1994.
中华人民共和国地质矿产部. DZ/T 0195—97　中华人民共和国地质矿产行业标准　物探化探遥感勘查技术规程规范缩写规定[S]. 北京:中国标准出版社,1997.
朱良保. 地震学实习教程[M]. 武汉:武汉大学出版社,2010.

图书在版编目(CIP)数据

地球物理学北戴河教学实习指导书/王传雷主编. —武汉:中国地质大学出版社有限责任公司,2012.3
中国地质大学(武汉)实验教学系列教材
ISBN 978-7-5625-2799-2

Ⅰ.①地⋯
Ⅱ.①王⋯
Ⅲ.①地球物理学-教学实践-高等学校-教学参考资料
Ⅳ.①P3

中国版本图书馆 CIP 数据核字(2012)第 022648 号

地球物理学北戴河教学实习指导书	王传雷 主编
责任编辑:舒立霞	责任校对:张咏梅

出版发行:中国地质大学出版社有限责任公司(武汉市洪山区鲁磨路388号)	邮政编码:430074
电　　话:(027)67883511　　　　传真:67883580	E-mail:cbb@cug.edu.cn
经　　销:全国新华书店	http://www.cugp.cug.edu.cn
开本:787毫米×1092毫米 1/16	字数:237千字　印张:9.25
版次:2012年3月第1版	印次:2012年3月第1次印刷
印刷:荆州鸿盛印务有限公司	印数:1—1 000 册
ISBN 978-7-5625-2799-2	定价:18.00元

如有印装质量问题请与印刷厂联系调换